LARISSA SANTOS

DE ONDE SURGEM AS GRANDES IDEIAS?

Através do **olhar da ciência**

com prefácio de
Marcelo Gleiser

© Larissa Carlos de Oliveira Santos, 2024
Todos os direitos desta edição reservados à Editora Labrador.

Coordenação editorial Pamela J. Oliveira
Assistência editorial Leticia Oliveira, Jaqueline Corrêa
Projeto gráfico e capa Amanda Chagas
Diagramação Estúdio dS
Preparação de texto Mariana Cardoso
Revisão Renata Alves
Imagens de capa Freepik

Dados Internacionais de Catalogação na Publicação (CIP)
Jéssica de Oliveira Molinari - CRB-8/9852

Santos, Larissa Carlos de Oliveira
 De onde surgem as grandes ideias? : através do olhar da
ciência / Larissa Carlos de Oliveira Santos. – 1. ed. —
São Paulo : Labrador, 2024.
 144 p.

 Bibliografia
 ISBN 978-65-5625-498-2

 1. Criatividade 2. Pensamento criativo I. Título

23-6626   CDD 153.35

Índice para catálogo sistemático:
1. Criatividade

Labrador

Diretor-geral Daniel Pinsky
Rua Dr. José Elias, 520, sala 1
Alto da Lapa | 05083-030 | São Paulo | SP
contato@editoralabrador.com.br | (11) 3641-7446
editoralabrador.com.br

A reprodução de qualquer parte desta obra é ilegal e configura
uma apropriação indevida dos direitos intelectuais e patrimoniais
da autora. A editora não é responsável pelo conteúdo deste livro.
A autora conhece os fatos narrados, pelos quais é responsável,
assim como se responsabiliza pelos juízos emitidos.

A meus pais.

Agradecimentos

Exprimo meus sinceros agradecimentos a todas as pessoas que, de alguma forma, colaboraram para que este projeto se tornasse realidade.

Agradeço ao Centro de Gravitação e Cosmologia da Universidade de Yangzhou pelo apoio à elaboração deste livro. A autora é financiada pelo National Key R&D Program of China (2020YFC2201600) e NSFC 12150610459.

E, principalmente, a todas as pessoas que acompanham meu trabalho nas redes sociais e que me inspiram profundamente a falar sobre ciência.

Sumário

Prefácio 9
Introdução 13
Mas o que é uma ideia? 15

Seja curioso 17
As descobertas são inevitáveis 18

Frequente lugares criativos 30
Esteja em ambientes com diversidade 31

Tenha timing 42
Ideias na hora errada serão esquecidas 43

Busque conhecimento 54
Estude 55
Verifique as fontes 65

Adapte, misture e transforme as ideias 72
Construa suas ideias a partir das ideias
dos outros 73

Tire um tempo para pensar 84
Ah, o ócio criativo... 85

Não se isole 92
O poder das relações 93

Errar faz parte do processo 99

Enterrando ideias........................100

Faça do limão uma limonada...............108

Desafie os limites..........................109

Você não é um gênio incompreendido......119

Tem que suar a camisa.....................120

Mas e a tal inspiração?.....................125

1% inspiração e 99% transpiração...........126

Conclusão..................................135
Posfácio...................................138
Bibliografia................................142

Prefácio

Criatividade, esse grande mistério

Se existe algo que nos define como seres humanos, e que nos distingue dentre as outras espécies de animais, é que temos a necessidade de criar. Quando falamos em criatividade, esse criar pode ocorrer de várias formas. Grandes artistas e cientistas são os que vêm em mente de imediato. Mas a criatividade não é apenas território das grandes invenções e obras de arte. Todas as pessoas criam. Pode ser uma receita de vó que passa de geração em geração, um poema que só mostramos para a pessoa amada, uma jogada inesperada e brilhante num jogo de futebol entre amigos, uma estratégia vencedora numa corrida, ou um solo de violão solitário, que só o músico amador escuta. O fato é que temos essa urgência de inventar o novo, de ir além da rotina do dia a dia, de não só criar, mas de dividir o que criamos com os outros. Algumas criações mudam o mundo e nossa maneira de pensar sobre as coisas. Outras têm uma ambição bem menor, e querem apenas suprir um elemento que diferencia a nossa presença no tempo. Porque toda obra criativa é uma tentativa de ir além do mero existir.

Este livro é, de certa forma, um pequeno manual de criatividade. Se existe um método para se criar, aqui o leitor encontrará os instrumentos necessários para dar aquela guinada na vida que nos traz significado, um senso de propósito. A ciência é um excelente exemplo de como explorar a criatividade, o nascer e desenvolver das ideias, nutrida por um profundo senso de propósito, o desvendar dos mecanismos que regem o mundo natural. Ninguém sabe exatamente qual a fórmula da criatividade de sucesso. Como disse o grande físico Richard Feynman, a maioria das nossas ideias acabam na lata de lixo. Mas algumas funcionam, e essas fazem toda a diferença. Talvez, a expectativa de sucesso seja um ponto de partida errado. Nós criamos para transcender o tempo, o fato de que estamos aqui nesse mundo por um intervalo marcado entre o nosso nascimento e a nossa morte. Criamos para dar uma rasteira no tempo; esse é o diferencial humano.

O que Larissa Santos expressa com tanta maestria aqui, desmistificando a imagem do gênio, é que precisamos criar e que a curiosidade é a mola propulsora dessa necessidade. Como disse o filósofo francês Bernard le Bovier de Fontenelle, no século XVII, "toda a filosofia é produto de duas coisas apenas: a curiosidade e a miopia. O problema é que queremos ver além do que podemos". Eu sempre considerei essa frase como um resumo perfeito do que significa ser humano, e porque precisamos tanto criar. A curiosidade nos leva além do que existe, um flerte com o desconhecido, quando tentamos vislumbrar algo que sabemos existir, mas que parece ser intangível. O ponto, como entendeu de Fontenelle, é que podemos ver apenas uma parte do que existe no mundo, e mesmo de quem somos, e dessa incompletude do saber vem um desejo de sermos mais do que podemos ser. Aqui nascem as ideias, todas elas: pequenas ou grandes, transformadores de visões de mundo ou apenas importantes para quem as cria. O que é essencial, a meu ver, é manter essa curiosidade viva todos os dias. Pois, ao criar, crescemos enquanto pessoas, seres humanos, e amplificamos o propósito de nossas vidas. Criar é viver com mais intensidade, é celebrar o privilégio de estarmos vivos.

Marcelo Gleiser
Dezembro, 2023

Introdução

Ao olharmos para o passado, de tempos em tempos, nos deparamos com grandes pensadores, sejam eles cientistas, inventores ou qualquer outra pessoa, que num rompante criativo nos expulsam do nosso confortável paradigma e nos atiram sem piedade para uma nova realidade, muitas vezes, a princípio, incompreensível ou até mesmo questionável.

Mas de onde surgem as grandes ideias? No nosso imaginário, alimentado por romances, vemos gênios inalcançáveis que, depois de uma inspiração quase divina, gritam para si mesmos: "Eureca!".

Mas boas ideias não surgem do nada. É um trabalho de montagem e reforma daquilo que herdamos ou com o que nos deparamos ao longo da vida. O lugar e a época na qual vivemos, ou até mesmo nossas relações interpessoais, tornam o ambiente mais ou menos produtivo. Ambientes excepcionalmente produtivos são o berço para múltiplas ideias similares que surgem quase ao mesmo tempo. Essas ideias podem ou não ser abraçadas por um povo. No segundo caso, não significa que sejam ruins, mas que talvez tenham germinado fora de época.

Dito isso, claramente percebemos que precisamos revisitar as velhas ideias. Mais ainda, para nos depararmos com novas ideias, devemos procurá-las. Além disso, precisamos de conhecimento, a ferramenta necessária para reformá-las.

Neste livro, explorarei alguns fatores importantes para que possamos ter boas ideias, além do tão sonhado e idealizado momento "Eureca", utilizando o que aprendemos ao longo da história – principalmente, ao longo da história da ciência.

Este não é um guia formal de como ter boas ideias, mas, sim, minhas impressões baseadas em vivências, a partir da narrativa de grandes descobertas científicas.

Então não se deixe iludir, não existe uma fórmula certa nem um passo a passo a ser seguido para o sucesso inequívoco. Existem contexto, trabalho e também o acaso.

Mas o que é uma ideia?

Uma busca rápida nos fornece várias definições para a palavra ideia: pensamento; imaginação; invenção; descoberta e muitas outras. É a partir de uma ideia que muitas coisas passam a existir ou que conhecemos mais a respeito do mundo que nos cerca.

Apesar de estarem relacionadas e vinculadas ao conceito de ideia, descoberta e invenção não têm exatamente o mesmo significado. A descoberta está associada à capacidade de observação. Esteja, portanto, atento; não caminhe por aí distraído.

A descoberta é uma revelação de um fenômeno que já existe na natureza, mas que era, até então, ignorado. Há vários exemplos de descobertas importantíssimas na ciência – de medicina à física –, como aquela relacionada a estrutura DNA ou a observação de outros mundos além da nossa galáxia, a Via Láctea.

A invenção está relacionada à capacidade criativa, aliada ao conhecimento para solucionar algum problema relevante às necessidades humanas. Algumas invenções revolucionárias, como o telescópio, permitiram fazer mais descobertas.

E como ter ideias inovadoras? A inovação ainda depende de outros fatores. Para ter inovação é preciso que a invenção ou a descoberta sejam implementadas na sociedade.

Enquanto o engenheiro eletrônico suíço Georges de Mestral passeava pelo mato, carrapichos grudavam insistentemente na roupa dele. Ao observar a planta no microscópio, ele descobriu como ela se agarrava ao tecido. A ideia que surgiu dessa descoberta foi o velcro, uma invenção inovadora cujo principal comprador na época foi ninguém menos que a National Aeronautics and Space Administration (NASA), para utilizar o velcro na fabricação dos trajes dos astronautas.

Você colocaria os carrapichos sob as lentes de um microscópio depois do passeio?

Vamos então começar essa jornada com um ponto extremamente importante que impulsiona ideias: a curiosidade.

Seja curioso

As descobertas são inevitáveis

Em algum lugar, algo incrível está esperando para ser descoberto.

(C. Sagan)

Como calcular quantos metros quadrados tem o seu terreno? Se ele for retangular, é fácil. Mas e se ele for um círculo? Você já teve curiosidade de saber como esse cálculo é feito?

Muitos cientistas se ocupavam desse problema desde a Antiguidade. Mas, no século XVII, duas pessoas, de maneira independente, inventaram uma forma de resolvê-lo. Essa invenção possibilitou o estudo de uma infinidade de fenômenos: desde a propagação de epidemias ao movimento dos planetas.

E, por falar em planetas, qual o último planeta do Sistema Solar? Muitos também se questionaram sobre isso quando já era possível ver além com o telescópio. E, claro, a resposta apareceu para mais de uma pessoa ao mesmo tempo.

Faça perguntas a si mesmo. Mas saiba quais perguntas você quer responder.

Qual problema você pretende resolver?

Esteja atento. Saiba para onde outras pessoas do seu segmento estão olhando.

Como calcular a área de um círculo? Qual o último planeta do Sistema Solar?

Mas não feche os olhos para as outras direções. Afinal, um carrapicho pode simplesmente grudar na sua calça e o intrigar.

Se percorrermos o vasto caminho da história, veremos que ideias ou descobertas similares foram feitas por pessoas diferentes simultaneamente ou, pelo menos, quase ao mesmo tempo, sem que uma soubesse da ideia ou da descoberta da outra. Puro acaso?

Aparentemente não! O contexto tecnológico e cultural de uma época paira como um pano de fundo, guiando expressões artísticas, invenções, inovações científicas e a própria criatividade. Por exemplo, a invenção e o aprimoramento da máquina a vapor durante a Revolução Industrial permitiram o desenvolvimento do navio e da locomotiva a vapor, revolucionando o deslocamento de pessoas e produtos. Uma invenção gerou, portanto, uma importante inovação que mudou, até mesmo, a maneira como nos relacionamos. Dentro daquele contexto, seria o desenvolvimento do navio a vapor inevitável?

Neste capítulo, exemplificarei algumas descobertas inevitáveis na ciência, temperadas com uma generosa porção de curiosidade.

Comecemos com uma simples descoberta do século XVII, que, assim como a máquina a vapor, produziu uma reação em cadeia: uma combinação de lentes que poderia magnificar imagens. Em 1608, um holandês, fabricante de lentes, construiu a primeira luneta. Como esse instrumento permitia a observação aproximada da movimentação inimiga, logo foi utilizado para fins militares. Quem sabe também possibilitaria a observação de objetos distantes... E o que há mais distante que as estrelas?

Um ano depois, o cientista italiano Galileu Galilei já via além. Muito além, mirando o céu de Veneza. Ele aperfeiçoou a luneta, desenvolvendo o primeiro telescópio para observações astronômicas. Nem preciso dizer quantas descobertas foram possíveis a partir da curiosidade e da grande ideia de Galileu em usar o novo instrumento para averiguar o movimento dos orbes celestes. Estamos, ainda hoje, colhendo os frutos desse empreendimento de Galileu.

Depois de muitos aperfeiçoamentos, descobertas e um esforço coletivo, estamos tentando desvendar os mistérios que permeiam a formação das primeiras galáxias do universo através do Telescópio Espacial James Webb, lançado em 2021 – um progresso científico que talvez nem mesmo Galileu ousaria sonhar.

As descobertas e invenções de Galileu impulsionaram uma revolução na ciência e abriram um novo capítulo no estudo dos fenômenos naturais. Mas e se ele não tivesse apontado aquela rudimentar luneta para o céu? Outra pessoa o faria? Podemos apenas especular, porém existem exemplos de múltiplas descobertas simultaneamente. E eles não são incomuns.

Vamos falar de outro cientista que entrou para o *hall* da fama por suas contribuições disruptivas logo após Galileu. Quem pensou em Isaac Newton acertou. Se o célebre físico inglês não tivesse existido, alguém teria desenvolvido o cálculo diferencial e integral, uma das mais poderosas ferramentas da matemática moderna? A resposta é sim!

A construção do conhecimento é gradual, apoiando-se em outras descobertas como tijolos, uns sobre os outros, em uma edificação. Os conceitos que deram origem ao cálculo diferencial e integral como conhecemos foram desenvolvidos ao longo de diferentes períodos históricos por diversos matemáticos, passando por Arquimedes, na Antiguidade, a Johannes Kepler e Pierre de Fermat, entre os séculos XV e XVI, culminando com Newton, mas também com o cientista alemão Gottfried Wilhelm Leibniz em trabalhos independentes concluídos em 1671 e 1675, respectivamente.

Isaac Newton, nascido em 1642 na aldeia de Woolsthorpe, na Inglaterra, contribuiu, de maneira extraordinária, para várias áreas do conhecimento, incluindo a matemática, com o método dos fluxos e com o cálculo infinitesimal. *Philosophiae Naturalis Principia Mathematica* [Princípios matemáticos de filosofia natural, em português], o livro no qual ele apresentou os resultados matemáticos, dentre outros estudos sobre os fundamentos da física, foi publicado somente em 1687, anos após a conclusão do trabalho.

Já Gottfried Leibniz, nascido em 1646 na cidade de Leipzig, na Alemanha, publicou seu primeiro artigo sobre o cálculo diferencial em 1684. Ele foi o primeiro a utilizar o símbolo de integração que utilizamos atualmente, $\int$, a letra "S" alongada, primeira letra da palavra *summa* [soma], para indicar uma soma de áreas infinitesimais. Uma disputa pelo crédito sobre o desenvolvimento do cálculo diferencial e integral se iniciou entre Newton e Leibniz. Por um lado, Newton já havia concluído a teoria anos antes; por outro, Leibniz foi o primeiro a publicar as descobertas.

Atualmente, Newton é considerado o pai do cálculo, por ter sido o primeiro a desenvolver a teoria, mas o cálculo de Leibniz foi o primeiro a ser difundido na Europa com os trabalhos de Jakob e Johan Bernoulli. As representações utilizadas por Newton e Leibniz eram completamente diferentes, não restando dúvidas, portanto, de que ambos chegaram à mesma teoria de maneira independente.

A publicação de *Princípios matemáticos de filosofia natural*, por Isaac Newton, rendeu vários frutos. Os ensinamentos ali impressos possibilitaram também um novo olhar para o mundo, através da lente da teoria da gravitação universal. E, mais uma vez, algumas descobertas se tornaram inevitáveis.

Até o século XVII, os planetas Mercúrio, Vênus, Terra, Marte, Júpiter e Saturno já eram conhecidos. No final do século XVIII, a partir de uma observação astronômica, Urano foi descoberto. A órbita desse novo planeta passou então a ser detalhadamente estudada, revelando algo inesperado: seus parâmetros não correspondiam aos valores previstos pela teoria da gravitação universal de Newton. Urano não ocupava a posição esperada, ora parecendo atrasado ora adiantado. Outro corpo celeste deveria, portanto, estar perturbando a órbita dele.

O astrônomo britânico John Adams, após se debruçar sobre os dados obtidos por observações de Urano, mostrou matematicamente a possibilidade de realmente existir um outro corpo celeste que seria responsável pelo estranho movimento daquele planeta. Ao mesmo tempo, outro astrônomo, o francês Urbain Le Verrier, se ocupava do mesmo problema. Acredita-se que ambos calcularam, de maneira independente, a localização desse novo corpo celeste, além da órbita de Urano. O ano era 1845.

No ano seguinte, no observatório de Berlim, o astrônomo Johann Galle, a partir de observações com um telescópio e dos cálculos de Le Verrier, confirmava a existência de Netuno. O crédito por essa descoberta também foi marcado por disputas e controvérsias. Atualmente, é fácil encontrar os dois astrônomos citados e/ou reconhecidos pela façanha de prever matematicamente a existência de Netuno; Galle, por provar observacionalmente o oitavo planeta a partir do Sol.

Ainda com os olhos voltados para o céu, a próxima celebridade da ciência – quiçá a maior – que não poderia faltar no capítulo "Seja curioso!" é Albert Einstein. O físico alemão desenvolveu toda uma nova teoria de gravidade no início do século XX, a primeira depois de Newton, que alicerçou os fundamentos da física moderna. Tudo, novamente, começou com uma pergunta, mas dessa vez a respeito dos fenômenos eletromagnéticos. A partir dessa pergunta, de alguns *insights*[1] e de trabalho árduo por mais de uma década, Einstein finalizaria sua teoria de gravitação.

Todos os olhos estavam voltados para essa nova teoria. E foi assim que o físico alemão Karl Schwarzschild viu uma deformação no espaço-tempo tão dramática que nem mesmo a luz poderia escapar, um buraco negro. Um objeto teórico exótico e improvável. Uma aberração matemática, pensaram. Mesmo assim, muitas pessoas começaram a olhar nessa direção, buscando por evidências observacionais dos tais buracos negros no universo com seus aparatos experimentais cada vez mais precisos e sensíveis. Muita gente procurando a mesma coisa. Não por acaso que em 2020 os líderes de dois experimentos independentes, Andrea Ghez e Reinhard Genzel, dividiram o Prêmio Nobel de Física pela descoberta do buraco negro supermassivo no centro da nossa galáxia.

Esse fenômeno interessantíssimo de duas ou mais pessoas chegando às mesmas invenções e descobertas, mas desconhecendo os trabalhos

---

[1] Capacidade de entender verdades de um contexto específico de maneira intuitiva, repentina, como um estalo na mente.

uns dos outros está por toda parte em diferentes épocas da história, abrangendo várias áreas do conhecimento. Não somente na física, matemática e astronomia.

Apesar de um pouco mais controversa, a invenção do telefone, patenteada pelo inventor britânico Alexander Graham Bell, fundador da Bell Telephone Company, também entra nessa lista. Bell patenteou o seu telefone nos Estados Unidos em 1876. Mas, naquele mesmo ano, o engenheiro eletricista estadunidense Elisha Gray também submeteu uma espécie de patente provisória, detalhando um aparelho que poderia transmitir a voz, com intuito de ser notificado caso alguém tentasse patentear algo similar. E não para por aí. Mais recentemente, em 2002, o italiano Antonio Meucci foi reconhecido como o inventor do telefone pelo congresso dos Estados Unidos por ter construído seu teletrofone, aparelho precursor do telefone moderno, em 1856. Meucci também utilizou um registro provisório de patente, em 1871, que não foi renovado, abrindo espaço para a patente de Bell.

Esses são casos de mentes brilhantes, no lugar certo e na hora certa, apoiadas em pavimentos sedimentados pelas que vieram antes delas. Muitas vezes sequer sabemos que uma invenção ou descoberta foi feita por mais de uma pessoa ao mesmo tempo, creditando normalmente somente uma, até mesmo de maneira equivocada, como no caso do telefone.

Na biologia, uma das teorias mais famosas e revolucionárias de todos os tempos, a teoria de seleção natural, que fornece um mecanismo evolutivo para as espécies, é popularmente creditada somente ao naturalista britânico Charles Darwin. Mas um outro naturalista britânico, Alfred Wallace, também tinha escrito um ensaio com as bases de uma teoria evolutiva das espécies no ano de 1858. Wallace enviou então esse manuscrito para o experiente biólogo Charles Darwin, que ficou estarrecido com a semelhança com sua própria teoria. Wallace chegou ao princípio da seleção natural independentemente de Darwin. Ainda em 1858, ambas as teorias, que apesar de bastante semelhantes não eram idênticas, foram apresentadas a uma sociedade acadêmica de Londres. Assim como Darwin, Wallace acreditava que a formação das espécies na natureza era decorrente da seleção natural. No ano seguinte, em 1859, Darwin publicou o livro intitulado *A origem das espécies*. Trinta anos depois, em 1889, Wallace publicou o livro *Darwinismo*, que trata do problema da origem das espécies, mas sob um novo prisma, considerando novos fatos e discussões.

A quantidade de invenções e descobertas feitas de maneira independente é vasta. Somente no Brasil, em 2019, o Instituto Nacional da Propriedade Industrial (INPI) recebeu mais de 28 mil pedidos de patentes, das quais 10.947 foram concedidas.[2] Não é de se surpreender, portanto, que o reconhecimento por certas invenções, como a do telefone, possa causar dúvidas. Não surpreende também o fato de uma mesma invenção ser concebida de maneira independente por uma ou mais pessoas, principalmente levando-se em consideração o contexto histórico e cultural. Não por acaso, em 2018, o campo tecnológico mais reivindicado foi o de produtos farmacêuticos.

Não somente o tempo, mas o lugar também importa! Os maiores centros de estímulo à criatividade são as universidades, ambientes propícios para o despertar. O ranking do INPI para os pedidos de patentes de invenção em 2019 conta com mais de 70% de universidades e institutos (estaduais e federais) do país entre as cinquenta primeiras colocações.[3]

---

2 Disponível em: https://www.gov.br/inpi/pt-br/acesso-a-informacao/pasta-x/boletim-mensal/arquivos/documentos/indicadores-2020_aecon_vf-27-01-2021.pdf. Acessado em: 23 set. 2023.

3 Disponível em: https://www.gov.br/inpi/pt-br/acesso-a-informacao/pasta-x/estatisticas-preliminares/arquivos/documentos/ranking-maiores-depositantes-residentes-2019.pdf. Acessado em: 23 set. 2023.

Com alguns ingredientes, as ideias têm tudo para florescer independentemente, ao mesmo tempo, em mentes atentas ao mundo que nos cerca.

Despertando a curiosidade

Checklist

- [ ] Pergunte sempre que não entender alguma coisa ou quando encontrar algo novo. Não existe pergunta tola; tolice é não perguntar.
- [ ] Experimente novas atividades. Tentar algo novo pode despertar a curiosidade.
- [ ] Desafie suas convicções. Questionar e reavaliar suas crenças pode abrir portas para novos aprendizados e curiosidades.

Frequente lugares criativos

Esteja em ambientes com diversidade

É preciso ter um caos dentro de si para dar à luz uma estrela cintilante.

(F. Nietzsche)

Quais lugares costumamos frequentar? Existe uma relação entre eles e o surgimento de ideias e invenções? Aparentemente sim. Mas é claro que não é uma relação inequívoca.

Vamos começar pensando em uma analogia: apesar de parecerem quase vazios a olho nu, os vastos oceanos na Terra abrigam vida em lugares que vão das profundezas abissais às cercanias de vulcões submarinos. Mas foi nos recifes de coral que a vida floresceu com enorme diversidade. Embora estejam presentes em menos de 1% do solo oceânico, eles abrigam pelo menos 1/4 de todas as espécies marinhas. Os recifes de coral são, portanto, grandes centros de biodiversidade. Mas existem também grandes centros facilitadores de ideias? Exploraremos esse ponto fundamental neste capítulo.

Sabemos que grandes centros urbanos abrigam diversidade, proporcionando a indivíduos com certos interesses, incluindo aqueles menos convencionais, o encontro com outras pessoas que compartilhem de ideias semelhantes, permitindo que estas sobrevivam e se propaguem. Esse cenário é válido para as ideias que conduzam à inovação ou ao caos.

Para o nosso primeiro exemplo, voltemos no tempo, ao berço da civilização ocidental, onde nasceram democracia, filosofia, literatura, matemática, história, drama e jogos olímpicos. Porém, antes que todo esse desenvolvimento se iniciasse, antes do Período Arcaico (~700 a.C. a ~480 a.C.), as pessoas viviam em pequenas aldeias rurais espalhadas pela Grécia.

O crescimento e desenvolvimento dessas vilas durante o Período Arcaico deu origem aos governos monopolizados por uma pequena aristocracia detentora da maioria das terras, o bem mais valioso em uma economia baseada na agricultura. O crescimento populacional e as tensões entre governantes e o povo causaram um movimento migratório para regiões menos populosas, e essas polis, ou cidades-estado independentes, passaram a ocupar do Mediterrâneo à Asia menor.

A maioria das cidades-estado possuía espaços públicos como, por exemplo, a Acrópole, dedicada aos deuses; e a Ágora, local onde se realizavam feiras e atos públicos. Essas polis foram de fundamental importância para o florescimento grego, sendo compostas por uma população diversificada, possibilitando a propagação de sementes criativas nesse solo já fértil.

Algumas dessas sementes não tardaram a germinar, como as obras *Ilíada* e *Odisseia* de um dos primeiros poetas gregos, Homero. O auge político e cultural do mundo antigo culminou então no Período Clássico, em meio a guerras, entre o início do século V a.C. e a metade do século IV a.C. Na filosofia, destacam-se Sócrates, Platão e Aristóteles; no drama, Aristófanes (comédia) e Sófocles (tragédia); na liderança, Alexandre Magno, rei da Macedônia, que criou um dos maiores impérios do mundo antigo, da Grécia ao Egito e o noroeste da Índia, sendo considerado um dos maiores comandantes militares da história. O ambiente estimulou a criatividade e o destaque de indivíduos detentores dessas ideias em várias áreas do saber.

E, mais uma vez, essa expansão territorial e conquista do Egito marcam o início de um novo período, o Helenístico, com crescente desenvolvimento científico. Surgem então Euclides, pai da geometria, e Arquimedes, um dos principais cientistas da Antiguidade. Mas, com a morte de Alexandre, o Grande, o império se fragmenta. A queda do Império Macedônico marca a ascensão de Roma no século I a.C.; Roma, uma polis dirigida pelo povo, para o povo.

Assim como Atenas nos deu a palavra "política", Roma nos deu as palavras "cidade" e "cidadão". Mas a República Romana foi finalmente sucedida pelo Império Romano. Com sua expansão, Roma era projetada de forma a acomodar uma vasta e crescente população, vinda de toda parte. A diversidade, mais uma vez, cumprindo seu papel.

O comércio tinha grande importância, promovendo uma rede de estradas e portos que facilitava as trocas comerciais entre várias regiões e representava, consequentemente, uma vasta ponte cultural entre diversas civilizações. O censo estimava uma população de mais de um milhão de pessoas, uma cidade incrivelmente populosa para a época. Diversidade e necessidade eram as sementes para a inovação.

Para conseguir manter todos esses cidadãos, os romanos desenvolveram um bem-sucedido sistema de urbanização, que contava com extraordinários projetos de engenharia, incluindo moradias verticais, como os apartamentos modernos, abastecimento de água potável através de aquedutos e um dos mais antigos sistemas de esgoto do mundo. A necessidade promoveu, portanto, o aparecimento de ideias que solucionassem os problemas dessa megalópole da Antiguidade. Sob o domínio do Império Romano, considerado o maior da história ocidental, estavam aproximadamente seis milhões de habitantes, estendendo-se até o Egito e a Ásia menor.

Ptolomeu, outro grande nome da Antiguidade, pai da grandiosa obra de astronomia *Almagest*, viveu exatamente em Alexandria, no Egito, entre 85 d.C. e 165 d.C. No século IV d.C., o imperador romano Constantino I decidiu fundar uma nova capital para o Império Romano, na antiga cidade grega de Bizâncio, uma região geograficamente privilegiada para as rotas comerciais. Em sua própria homenagem, a cidade foi renomeada Constantinopla (atualmente Istambul), iniciando-se o Império Romano do oriente, também conhecido como Império Bizantino.

Em 476 d.C., caiu o Império Romano do ocidente. Apesar do desaparecimento deste, o Império Bizantino manteve-se erguido e os cidadãos de Constantinopla se autodenominavam romanos. As tradições e os conhecimentos acumulados pelo Império Romano do ocidente ainda sobreviveriam por mais de mil anos em uma cultura de influências romanas, gregas e orientais dentro das fortificações de Constantinopla. Mas, com a queda do Império Romano, o mundo ocidental apaga-se na Idade Média.

Um milênio depois, a luz volta a brilhar no ocidente, iniciando o segundo exemplo dessas teias urbanas vivas. Mais do que uma simples cópia, mais do que um renascimento da Antiguidade, algo novo surgia. A partir do século XII, as cidades italianas já se tornavam os principais centros da economia europeia, intensificando a vida urbana e, com isso, a propagação de ideias. Essa transformação gradual teve seu ápice entre os séculos XIV e XVI, com uma revolução nas artes, literatura e ciências. Mas quais foram os ingredientes para esse despertar artístico, cultural e científico após tanto tempo?

Com a ascensão econômica das cidades italianas, o Império Bizantino se enfraquecia, chegando ao seu derradeiro fim em 1453 sendo dominado pelo Império Otomano. A queda de Constantinopla causou uma migração dos romanos do oriente para a Itália, e, com eles, retornavam muitos ensinamentos clássicos, proporcionando uma revisitação desses velhos conhecimentos outrora esquecidos.

Mas a invenção da máquina de impressão tipográfica pelo alemão Johann Gutenberg, no século XV, foi o acontecimento que permitiu que as ideias se conectassem, transformando-se em novas ideias e, por sua vez, pudessem se propagar em grande escala. Com essa invenção, a difusão de textos se tornou mais frequente, permitindo a disseminação de novas opiniões e, consequentemente, a comunicação em massa. A réplica de textos, antes copiadas à mão e restritas a um limitado número de pessoas, começou a ser impressa (o *códice*) e distribuída. Com certeza, uma das invenções mais revolucionárias de todos os tempos, que permitiu que a informação chegasse a um maior número de pessoas e de maneira rápida, um precursor das nossas tão atuais mídias sociais.

O aumento dos empreendimentos comerciais das cidades italianas também carecia de meios mais sofisticados de manutenção financeira que um simples diário. Em 1494, um tratado sobre contabilidade, de Luca Pacioli, foi impresso e publicado em Veneza, utilizando a mais nova tecnologia desenvolvida por Gutenberg. Esse livro pôde se propagar entre os comerciantes, disponibilizando-se, finalmente, tal conhecimento para um maior número de pessoas. Esse trabalho de Pacioli é considerado por muitos como o mais influente da história do capitalismo e se tornou, durante a Revolução Industrial, uma ferramenta prática importante nos negócios.

Esses foram, portanto, alguns dos ingredientes que permitiram o florescimento de muitas ideias revolucionárias em diversas áreas do conhecimento durante a época do Renascimento. Nas ciências, destacaram-se Nicolau Copérnico, Galileu Galilei, Johannes Kepler e René Descartes. Nas artes, Leonardo da Vinci, Michelangelo, Donatello di Niccoló, Sandro Boticcelli e Rafael Sanzio. Na literatura, Dante Alighieri e Nicolau Maquiavel. Todas essas ideias se expandiram para outras regiões, e centelhas criativas surgiram em várias cidades da Europa, trazendo uma renovação científica, cultural, artística, política, econômica e filosófica no mundo ocidental.

Um outro exemplo claro sobre o poder das cidades na inventividade nos leva à Inglaterra do século XVIII. E, mais uma vez, o estímulo ao livre-comércio do país foi um catalisador da revolução que se iniciava. A passagem da manufatura à indústria mecânica alavanca a urbanização das cidades, transformando a Europa agrária em uma região industrializada e com cidades populosas.

A grande invenção que permitiu essa guinada e muitas outras que estariam por vir foi o aperfeiçoamento da máquina a vapor, inventada por Thomas Newcomen, em 1712, além do escocês James Watt, em 1763, que patenteou o modelo desse primeiro protótipo como "método para diminuir o consumo de vapor e de combustível nas máquinas quentes". A Revolução Industrial iniciada na Inglaterra unia ingredientes fundamentais para o florescimento da inovação: o livre pensar e o intercâmbio de ideias.

Na astronomia, Willian Herschel identificou o planeta Urano na noite de 13 de março de 1781. Em 1807, o aperfeiçoamento das máquinas e as recentes invenções inovadoras permitiram que Robert Fulton construísse algo importantíssimo: o navio a vapor – e tão revolucionário quanto foi a construção da locomotiva a vapor, idealizada por George Stephenson, em 1814. Esse cenário de extremo poder criativo se difundiu por toda Europa na segunda fase da Revolução Industrial. As transformações socioeconômicas desse período se refletem nos dias atuais, transformando nossas cidades modernas em polos criativos a serem explorados.

Na revolução tecnológica que estamos vivendo, algumas regiões com certeza se destacam, como o Vale do Silício, que engloba cidades do estado da Califórnia nos Estados Unidos, como Palo Alto, São Francisco e Santa Clara, onde estão situadas várias empresas de alta tecnologia: Apple, Facebook, Twitter, Netflix, dentre outras. No Brasil, destaca-se a cidade de São José dos Campos, no interior de São Paulo, que abriga grandes empresas de aviões e também centros acadêmicos de excelência na região, como o Instituto Tecnológico da Aeronáutica (ITA) e o Instituto Nacional de Pesquisas Espaciais (INPE).

Atualmente, o mundo possui muitos centros propícios para inovação, além dos deliberadamente desenvolvidos para estimular a criatividade, característica bastante valorizada no século XXI. O ambiente no qual estamos inseridos pode definitivamente influenciar o fluxo de ideias e a produtividade.

Esteja em lugares que promovam a criatividade, não somente em grandes centros urbanos como os exemplificados neste capítulo. Afinal de contas, ainda não conseguimos viajar no tempo diretamente para as Ágoras fervilhantes da Grécia Antiga. Mas precisamos construir espaços inspiradores ao nosso redor, além do nosso ambiente de trabalho. Esses recintos precisam ser cíveis no sentido de estimularem o contato com pessoas diversas.

No momento atual da história, em contraposição com as cidades renascentistas ou Roma do século I a.C., estamos cercados por espaços que proporcionam experiências individuais, nos quais evitamos a interação com o outro. Passamos também boa parte do nosso tempo em não lugares (Bauman, 2001),[4] como aeroportos, transportes públicos e quartos de hotel. Como veremos adiante, interagir com outras pessoas é essencial para estimular a criatividade e desencadear novas ideias. Talvez esse seja o grande segredo das cidades antigas.

Frequentando espaços inspiradores

Checklist

☐ Participe de *workshops*, eventos e cursos.

☐ Faça parte de grupos de discussões e/ou comunidades e clubes de leitura (presencialmente ou no mundo digital).

☐ Engaje com alguma organização local que promova um tema do seu interesse (por exemplo, um clube de astronomia).

---

4 Categorias de espaço definidas no livro *Modernidade líquida*.

Tenha timing[5]

---

5 Escolha, julgamento ou controle de quando algo deve ser feito.

Ideias na hora errada serão esquecidas

O que extingue a vida e os seus sinais, não é a morte, mas o esquecimento.

(J. Saramago)

O que é mais importante para que uma ideia se transforme em descoberta ou invenção: criatividade ou *timing*?

Um dos mais conhecidos filhos da Renascença italiana, Leonardo da Vinci, serve de exemplo para esse questionamento. Dentre suas várias contribuições em diversas áreas do conhecimento, da Vinci desenhou um protótipo de helicóptero em 1493. No final do século XV, era impossível que algo do tipo fosse construído ou, até mesmo, cogitado. Não havia recursos tecnológicos, tampouco as pessoas desejavam uma máquina como essa. Naquele momento, desejos e recursos estavam voltados para a exploração de novos mundos pelos mares. Vale lembrar que os europeus haviam desembarcado no continente americano um ano antes. O clima político e cultural era outro. O "helicóptero" de Leonardo da Vinci estava adiantado em 450 anos.

Inovação não é só uma boa ideia em um momento de intensa criatividade; outros fatores são importantes para o sucesso da empreitada: contexto cultural; desenvolvimento tecnológico e suprimento das necessidades das pessoas inseridas em um tempo específico da história. Neste capítulo, vamos usar um dos mais importantes marcos da ciência para mostrar que *timing* é tão importante quanto criatividade.

Nosso ponto de partida para entender os caprichos do tempo é exatamente um desses ambientes fervilhantes há mais de 2500 anos em uma colônia grega, na Magna Grécia, atualmente parte do sul da Itália, na região da Calábria. A cidade de Crotona, fundada em, aproximadamente, 710 a.C., era um centro propício para a construção, propagação e transformação de centelhas inventivas que perdurariam por séculos.

Filolau de Crotona, contemporâneo de um dos fundadores da filosofia ocidental, Sócrates, já pensava a respeito do universo e da configuração dos orbes celestes, entre 470 a.C. e 385 a.C., aproximadamente. Argumenta-se que Filolau, o primeiro dos pensadores pitagóricos que nos deixou textos escritos, foi, de fato, o pioneiro na formulação e investigação dos lados científico e filosófico dos ensinamentos deixados por Pitágoras.

Acredita-se que Filolau tenha proposto o primeiro modelo cosmológico em que a Terra não é o centro do cosmos. Nele, Filolau desloca a Terra do centro, fazendo-a girar não ao redor do Sol, mas em torno de um fogo central.

Quase dois séculos depois (entre 310 a.C. e 230 a.C.) e a centenas de quilômetros de Crotona, em Iona, atualmente onde se localiza a Turquia, Aristarco de Samos partiu de uma hipótese astronômica diferente para seu modelo de universo: o Sol, e não a Terra, tampouco um hipotético fogo central, que ocupava o centro de tudo. A Terra e os outros planetas que giravam, portanto, ao redor do Sol.

Em seu trabalho, intitulado *Sobre os tamanhos e distâncias entre o Sol e a Lua*, ele fez uma análise geométrica detalhada baseada no tamanho da sombra da Terra projetada na Lua durante o eclipse lunar. De forma engenhosa e impressionante, ele concluiu que a Lua deveria ser menor que a Terra; e o Sol, maior que ambos. Parecia mais natural a Aristarco que orbes menores orbitassem orbes maiores e, portanto, o Sol deveria estar no centro do cosmos. A ideia certa no momento errado; o mundo não estava preparado para ela.

Na época de Aristarco, os trabalhos de um dos maiores filósofos de todos os tempos já influenciavam o pensamento ocidental. Aristóteles (384 a.C. a 322 a.C.) contribuiu em diversas áreas do conhecimento, incluindo lógica, metafísica, política e retórica, mas uma em especial moldou nosso entendimento do movimento dos objetos na esfera celeste por mais de um milênio, da Grécia Antiga até a Renascença. Para Aristóteles, o universo era composto de dois mundos: o sublunar, abaixo da esfera da Lua, o qual sofre mudanças e transformações contínuas; e o mundo supralunar, imutável, que contém a esfera das estrelas fixas. O nosso mundo sublunar é composto por água, ar, terra e fogo, enquanto o mundo supralunar é composto de um quinto componente ao qual nós não temos acesso. No universo aristotélico, esférico e infinito, a Terra ocupa o centro, sendo que os outros orbes celestes giram ao nosso redor, e nada está além da esfera das estrelas fixas.

Baseando-se na física de Aristóteles e na filosofia de Platão (429 a.C. a 347 a.C.), Ptolomeu escreveu no século II um dos trabalhos científicos mais influentes da história, um tratado em astronomia, o *Almagesto*. Ptolomeu viveu em Alexandria, no Egito, entre 85 d.C. e 165 d.C. A cidade, fundada por Alexandre, o Grande, foi uma referência no estudo das ciências. Alexandre, assim como a maioria dos macedônios, considerava a Macedônia um Estado grego e, portanto, espalhou a influência helênica por todo território conquistado. Depois da tomada de Alexandria pelo Império Romano em 30 a.C., ela se tornou sua segunda maior cidade.

Ptolomeu era então um cidadão romano, que morava no Egito e tinha fortes influências gregas. Dentre essas influências estava Aristóteles, que descreveu dois tipos de movimento possíveis: o natural, responsável por colocar um corpo em seu lugar natural, como uma pedra que, ao ser arremessada para cima, cai em direção à Terra (seu lugar natural); e o movimento forçado, que, como o próprio nome nos revela, precisa de um agente, ou seja, alguém ou algo que arremesse a pedra para cima. Então, como é possível que os orbes celestes não caiam sobre as nossas cabeças?

A solução encontrada por Ptolomeu foi a criação de abóbadas de cristais com raios distintos que circundavam a Terra e "seguravam" os corpos celestes. Teríamos então oito abóbadas, da mais próxima até a mais afastada da Terra: Lua, Mercúrio, Vênus, Sol, Marte, Júpiter, Saturno e as estrelas distantes, todas fixas em uma única abóbada. Os espaços vazios entre uma órbita e outra seriam preenchidos pelo quinto elemento, o éter.

Mas os movimentos dos planetas não obedeciam exatamente a essa configuração desenhada por Ptolomeu. Em certas épocas, os planetas pareciam se mover no sentido oposto, sendo incompatível com o movimento das abóbadas celestes. Era preciso salvar os fenômenos! Esse movimento retrógrado dos planetas foi então explicado com a introdução dos chamados epiciclos. Um sistema de órbitas bem complicado, mas que conseguia prever o movimento aparente dos planetas no céu ao longo de um pequeno círculo, o epiciclo, cujo centro descreveria a órbita desse planeta ao redor da Terra, o deferente. A Terra não estaria exatamente no centro do deferente, mas em uma posição deslocada. Não obstante, Ptolomeu ainda introduziu o equante, também deslocado do centro do deferente, mas oposto à posição da Terra.

Nesse caso, o que Ptolomeu queria salvar era as ideias de Platão, o qual afirmava que o cosmos havia sido construído segundo princípios geométricos por um deus que seria a própria personificação da razão. Os orbes celestes deveriam então girar ao redor da Terra, executando um movimento circular uniforme, o mais apropriado, considerando-se a razão. O movimento dos planetas não era uniforme em relação à Terra, mas o centro do epiciclo se moveria a uma taxa uniforme em relação ao equante.

O conjunto das ideias de Platão, Aristóteles e Ptolomeu ajudaram a moldar o início da teologia Cristã. Um dos principais representantes da Igreja no período de transição da Antiguidade para a Idade Média foi Santo Agostinho (354 d.C. a 430 d.C.) que sofria forte influência da corrente filosófica baseada nos pensamentos de Platão. A filosofia de Santo Agostinho nos remete à ordem, beleza e perfeição do universo, refutando os princípios filosóficos que conflitavam com a revelação bíblica. Contudo, Santo Agostinho buscou a razão para justificar sua fé, unindo filosofia e teologia, e tornando-se um dos mais importantes filósofos nos primeiros séculos do cristianismo.

Era um período de mudança e transição do pensamento. Com a queda do Império Romano em 476 d.C., a Europa Ocidental, dominada por bárbaros e vendo a crescente propagação da fé cristã, plantava as sementes do que seria o longo período da Idade Média. A Igreja Medieval influenciou fortemente o pensamento ocidental do século V ao século XV, enterrando parte do pensamento clássico e, com ele, as ideias de Aristarco de Samos.

O esquecimento dos textos gregos deu-se também pela imposição gradual do latim e pela própria exclusão da língua grega, pois, de acordo com os padres, tanto a literatura quanto a filosofia grega davam origem a heresias. Outro fator que contribuiu para o desaparecimento de um número incalculável de textos foi a substituição do rolo, uma longa faixa de papiro, pelos códice, ou seja, folhas costuradas em cadernos, mais parecidos com os livros atuais. Mas o fato mais lamentável foi a destruição de bibliotecas, como a de Alexandria, que sepultou para sempre muitas obras da Antiguidade Clássica.

Mas nem tudo estava perdido. Os mosteiros conservavam alguns escritos da filosofia clássica na tentativa de conciliar razão e fé. A partir do século IX, tanto as ideias de Platão quanto de Aristóteles voltaram a ganhar força, com intuito de entender e explicar as revelações do cristianismo. Um dos principais nomes dessa época, o filósofo italiano Tomás de Aquino (1225-1274), tentou fundar a doutrina católica, utilizando as bases filosóficas de Aristóteles. Mas, ao contrário de Santo Agostinho, que buscou a razão para justificar sua fé, Tomás de Aquino considerava a fé anterior à razão, ou seja, primeiro deve-se crer antes de racionalizar. A filosofia de Tomás de Aquino se tornou então a doutrina oficial da Igreja Católica, sendo ensinada e propagada nas escolas e universidades.

Tratando-se da física dos céus, o martelo foi batido: a Terra era o centro do cosmos, os outros objetos celestes giravam ao redor dela. E é nesse contexto que nasceu Nicolau Copérnico, na parte ocidental da Prússia, em 1473.

As grandes cidades são ambientes que possibilitam a abertura de novos caminhos a serem explorados. Elas são muito mais eficientes no esquadrinhamento desses espaços das muitas possibilidades que pequenos vilarejos, por exemplo. Como mencionado no capítulo anterior, grandes centros abrigam diversidade, uma maior possibilidade de contato com outras pessoas e, portanto, maior oportunidade de se questionar, buscar conhecimento e ver o mundo a partir de diferentes perspectivas. E foi o que Copérnico fez.

Em 1496, ele se mudou para Itália com a finalidade de dar continuidade a seus estudos. Nessa época e nesse lugar a Europa renascia. Os ensinamentos clássicos seriam, aos poucos, descobertos do véu opressor da Idade Média. Uma explosão de inovação em diferentes áreas do conhecimento começou a ocorrer nas cidades urbanizadas e densamente povoadas no norte da Itália, assim como havia acontecido nas cidades gregas da Antiguidade.

E é nesse ambiente inovador e propício que Copérnico, em 1510, questionou o universo proposto por Ptomoleu e propagado pelo cristianismo. Ele sugere então o Sol no centro e os planetas, incluindo a Terra, orbitando ao redor dele. Esse manuscrito intitulado *Commentariolus* não continha as demonstrações matemáticas que seriam adicionadas apenas mais tarde em um trabalho impresso no ano anterior à morte dele, em 1542. Apesar da resistência da Igreja e da condenação do livro *Da revolução dos orbes celestes* por quase duzentos anos pela Inquisição, o mundo estava preparado para escancarar as portas para o novo, e deixar para trás velhos paradigmas.

Parece improvável que Copérnico tenha tido conhecimento do trabalho de Aristarco de Samos. Acredita-se que a fonte onde encontramos referências às ideias de Aristarco só foi publicada na Europa após a morte de Copérnico. Em ambos os casos, a teoria heliocêntrica não parecia convincente aos conterrâneos de nenhum dos dois gigantes. Mas Copérnico teve *timing*. A ciência florescia e os trabalhos estavam sendo impressos e chegando a outros cientistas em diversas cidades da Europa. Em pouco tempo, um homem chamado Galileu Galilei apontaria um telescópio para o firmamento, perseguindo evidências irrefutáveis do arranjo dos céus. A ideia certa na hora certa.

Nesse caso, o reconhecimento científico foi dado não pela originalidade da ideia, mas pelos argumentos convincentes de Copérnico. Por esse motivo, Aristarco ficou conhecido como o "Copérnico da Antiguidade", e não o contrário.

O ambiente tem um papel fundamental no surgimento de ideias inovadoras. Tanto as cidades gregas da Antiguidade quanto às italianas da Renascença permitiram um turbilhão criativo na filosofia, literatura, artes, ciências e no comércio, por exemplo. No cenário atual, essa busca por inovação e por boas ideias estimula o desenvolvimento de ambientes criativos, não somente dentro das universidades, onde a maioria das ideias disruptivas em ciência e tecnologia acontecem, mas também na iniciativa privada. Um exemplo bastante claro são os ambientes de trabalho criados pelos escritórios da Google. Ou seja, o lugar incentiva a criação e o tempo diz se essa criação será aceita ou entendida.

Inovação não é só criatividade. Inovação também é *timing*.

Escolhendo o momento mais propício

Checklist

- [ ] Informe-se sobre o que já foi feito e o que está sendo feito na sua área de atuação.
- [ ] Certifique-se de que a implementação de sua ideia ou seu projeto seja viável.
- [ ] Seja paciente. O apressado come cru.

Busque
conhecimento

Estude

O caminho para o progresso não é fácil nem rápido.

(M. Curie)

Para termos boas ideias, precisamos de conhecimento. Informação não é conhecimento. Nesse mundo conectado em que vivemos, somos bombardeados por milhares de informações diariamente: fatos relacionados a pessoas, lugares ou qualquer outra coisa. Já o conhecimento requer uma compreensão de conceitos ou uma habilidade que a pessoa obtém por meio de estudo ou da experiência. Com o *cyberspace* assolado por *fake news,* o conhecimento é fundamental para saber separar o joio do trigo.

Grandes ideias, descobertas e invenções são baseadas em nossos conhecimentos prévios e as diferentes combinações que conseguimos extrair deles. Somente entendendo como as ideias se propagam é que conseguimos endereçar os problemas e pensar em como podemos solucioná-los.

Neste capítulo, apresento o exemplo de como o conhecimento prévio sobre mitos da criação guiaram, de certa forma, a formulação dos modelos cosmológicos modernos ao mesmo tempo que nos afastavam deles. Nossa curiosidade a respeito do funcionamento do mundo natural nos levou a coletar informações que, analisadas de maneira sistemática por muito tempo, nos possibilitaram conhecer um pouco melhor sobre o que nos cerca, favorecendo o germinar de novas ideias.

Ninguém questiona o fato das ideias evoluírem com o passar do tempo, modificando-se e incorporando cultura, conhecimentos e evidências científicas de uma época. Não seria surpresa então se voltássemos ao passado e víssemos diversos pensamentos semelhantes aos que permeiam nossa civilização do século XXI.

Talvez as primeiras grandes perguntas que nossos ancestrais fizeram e que, ainda hoje, nos fazemos sejam sobre a origem da vida: de onde viemos e para onde vamos? Responder a essas perguntas é de fundamental importância para entendermos quem somos. A busca por respostas a respeito da nossa própria realidade e nosso papel na imensidão do cosmos é muito mais antiga que o desenvolvimento de qualquer empreendimento científico. Ela foi inspirada, como muitos de nós ainda somos, pelas maravilhas do céu noturno. A partir do quarto milênio a.C., os sacerdotes sumérios já estudavam as estrelas, registrando seus resultados em tábuas de argila.

Contudo a maneira de explicar o mundo ao nosso redor iniciou-se a partir de mitos e histórias sagradas que, apesar de diferirem das atuais teorias científicas a respeito da evolução do universo e da própria origem da vida, contêm semelhanças. Os modelos cosmológicos primitivos, chamados de modelos cosmogônicos, eram baseados em divindades; talvez o mito bíblico da criação seja o mais conhecido por nós ocidentais.

> No princípio, Deus criou o céu e a terra. Ora, a terra estava vazia e vaga, as trevas cobriam o abismo, e um sopro de Deus agitava a superfície das águas. Deus disse: *Haja luz*, e houve luz. Deus viu que a luz era boa, e Deus separou a luz e as trevas. Deus chamou a luz *dia* e as trevas *noite*. Houve uma tarde e uma manhã: primeiro dia. Deus disse: *Haja um firmamento no meio das águas e que ele separe as águas das águas,* e assim se fez. Deus fez o firmamento, que separou as águas que estão sob o firmamento das águas que estão acima do firmamento, e Deus chamou ao firmamento *céu*. Houve uma tarde e uma manhã: segundo dia. Deus disse: *Que as águas que estão sob o céu se reúnam num só lugar e que apareça o continente,* e assim se fez. Deus chamou ao continente *terra*

e a massa das águas chamou *mares*, e Deus viu que isso era bom. (Pontes, 2010)[6]

Percebemos, no relato citado, a criação do mundo a partir de um tempo definido no passado, quando nada havia sido criado: "No princípio, Deus criou o céu e a terra", o início do espaço. Do caos, "Ora, a terra estava vazia e vaga [...]", à ordem, "Deus viu que a luz era boa, e Deus separou a luz e as trevas". O início da passagem do tempo, "Deus chamou a luz *dia*, e as trevas *noite*". O elemento água, essencial à vida, representando visualmente algo disforme e ilimitado, anterior ao aparecimento das formas e tudo que há, assim como o vento (sopro de Deus) também aparecem no "Gênesis": "[...] e um sopro de Deus agitava a superfície das águas".

O povo judeu, contudo, teve contato com outros povos ao longo de sua história, incluindo os babilônios, uma das mais antigas cosmogonias que conhecemos. O poema babilônico "Enuma Elish", datado provavelmente de 1 milênio a.C. (não há consenso com relação à data que o poema foi escrito), e o "Gênesis" bíblico assemelham-se em muitos aspectos:

---

6   Trechos da bíblia e do poema "Enuma Elish". Para mais detalhes, seguir as referências internas.

> Quando no alto o céu ainda não havia sido nomeado, e, abaixo, a terra firme não havia sido mencionada com um nome, só Apsu, eu progenitor, e mãe, Tiamat, a geradora de todos, mesclavam juntos suas águas: ainda não se haviam aglomerado os juncos, nem os canaviais tinham sido vistos. Quando os deuses ainda não haviam aparecido, nem tinham sido chamados com um nome, nem fixado nenhum destino, os deuses foram procriados dentro deles.

Da mesma forma como visto no mito bíblico, há um tempo definido no passado, uma passagem do caos à ordem e, mais uma vez, a água. É importante mencionar que os babilônicos viveram na região da Mesopotâmia, entre os rios Tigre e Eufrates. Em outros trechos do poema, o vento também aparece:

> Voltou atrás em direção a Tiamat que ele havia abatido. O Senhor pôs seus pés sobre a parte inferior de Tiamat e com sua arma inexorável, despedaçou-lhe o crânio. Depois cortou as artérias de seu sangue, e deixou que fossem levadas a lugares secretos pelo vento do norte. Ao ver isto, seus pais se alegraram jubilosos e os mesmos levaram-lhe dons e presentes. Com a cabeça repousada, o senhor contemplava o cadáver de Tiamat. Dividiu a carne monstruosa para fabricar maravilhas, a dividiu em duas partes, como se fosse um peixe

a secagem, e dispôs uma metade, com a qual fez o céu, em forma de abóbada. Esticou a pele, e pôs uns guardiões, mandando-lhes que não permitissem sair suas águas.

O mito de criação de "Enuma Elish" inspirou não somente outras histórias sagradas, como o mito bíblico da criação, mas os primeiros pensadores adeptos da razão como forma de explicar o mundo.

A filosofia começou em Mileto, cidade da Jônia, colônia grega da Ásia Menor no século VI a.C. Assim como nos nossos ancestrais mais antigos, a origem e a natureza do Cosmos tiravam o sono dos filósofos pré-socráticos. Tales de Mileto (~625 a.C. - 558 a.C.), o fundador da filosofia ocidental, acreditava, mais uma vez, que a água era o princípio a partir do qual são formadas todas as coisas, baseando-se, de acordo com Aristóteles, no fato de a alimentação ser úmida, assim como as sementes de todas as coisas. Já Anaximandro de Mileto (~610 a.C. - 547 a.C.) não apresentou um elemento específico como princípio de todas as coisas, mas atribuiu o princípio primeiro ao ilimitado (*apeiron*). De acordo com os estudiosos da filosofia grega, antes de surgirem as coisas, havia algo indiferenciado, disforme, o *apeiron*, do qual os contrários se separam. Finalmente, Anaxímenes de Mileto

(~585 a.C. - 528/5 a.C.), resgatando a ideia primordial de Tales em definir um único elemento como o princípio de todas as coisas, elegeu o ar: fogo (sutil) → vento (condensado) → nuvem → água → terra. Ainda aqui, há os elementos utilizados nos mitos de criação; as semelhanças não podem, portanto, ser ignoradas.

Mais de dois milênios depois, valendo-se das grandes revoluções científicas, a evolução do universo é descrita a partir de modelos cosmológicos, os quais são desenvolvidos para estudar o universo em sua totalidade. O modelo cosmológico-padrão baseia-se na teoria de expansão do universo a partir do início do espaço-tempo, conhecido como *Big Bang*. A seguir, descrevo brevemente as ideias principais do modelo do *Big Bang* para a evolução do universo em seus primórdios.

O universo foi criado a partir de um tempo definido no passado, há cerca de catorze bilhões de anos, quando ainda nada existia. Ele então evoluiu a partir de um estado inicial extremamente quente e denso. Contudo os primeiros instantes da história do universo ainda não podem ser descritos à luz de uma teoria física, tampouco temos dados observacionais desse período do universo. Acredita-se que, antes ainda do seu primeiro segundo de existência, o universo, dominado por radiação, produzia pares de partículas e antipartículas[7] pela colisão de fótons (partículas de luz), mas que imediatamente se aniquilavam.

Se houvesse uma perfeita simetria entre matéria e antimatéria, todos os pares de partícula/antipartícula teriam sido aniquilados e não existiria matéria no universo, consequentemente nós não existiríamos. O processo físico que produziu essa assimetria e que ainda não conseguimos explicar em sua totalidade é conhecido por bariogênese.

Aos três minutos, com a expansão, o universo se resfriou a ponto de permitir a formação de núcleos leves, unindo prótons e nêutrons para formar hidrogênio, deutério, hélio e lítio, na chamada nucleossíntese primordial. Até aproximadamente 380 mil anos após o *Big Bang*, o universo era composto pelos núcleos desses elementos leves, elétrons livres e radiação. Os fótons mantinham-se "encurralados", colidindo continuamente com os elétrons livres, e o universo era opaco. Após esse período e o consequente resfriamento do universo em razão da expansão, os núcleos de hidrogênio e hélio

---

7   Classe de partículas previstas pela mecânica quântica. Para cada partícula deve existir uma antipartícula correspondente com carga oposta, mas com mesma massa.

puderam finalmente capturar os elétrons, formando átomos neutros estáveis.

Com os elétrons presos aos átomos, os fótons deixaram de sofrer sucessivos espalhamentos, podendo viajar livremente no espaço. Esses fótons, que datam de 380 mil anos após o *Big Bang*, constituem a radiação cósmica de fundo: o observável mais antigo do universo que realmente conseguimos medir com nossos telescópios aqui na Terra. Essa narrativa dos instantes iniciais do universo, o qual se inicia em um tempo definido do passado, retoma a cronologia que avança do caos à ordem.

Mas, apesar de algumas semelhanças, vale ressaltar que a ciência moderna, diferentemente dos mitos da criação, baseia-se no conhecimento adquirido sistematicamente a partir da observação e da pesquisa dos fenômenos naturais, utilizando-se um conjunto definido de procedimentos nesse processo de investigação. A teoria do *Big Bang*, descrita brevemente, possui três pilares observacionais: a expansão do universo; a nucleossíntese primordial e a radiação cósmica de fundo.

Esse conhecimento adquirido a partir de diversas revoluções científicas, baseado não somente em grandes ideias, mas também na experimentação nos trouxe, portanto, ao lugar que estamos hoje. A transição entre os modelos cosmogônicos e os cosmológicos aconteceu de maneira suave, ao longo dos séculos, mas ainda conseguimos rastrear a origem de algumas ideias atuais, e, até mesmo, encontrar resquícios de semelhanças.

Revisite o passado. Estude, aprenda, busque conhecimento. Conhecer outras ideias pode ser o degrau para subir mais alto. Como o próprio Newton já dizia: "Se vi mais longe, foi porque me apoiei sobre ombros de gigantes".

Verifique as fontes

Platão é meu amigo; Aristoteles é meu amigo, mas minha melhor amiga é a verdade.

(I. Newton)

Quem nunca ouviu o resumo daquele livro importante em um *podcast* de alguns minutos que atire a primeira pedra. Muitas vezes, o conhecimento é obtido a partir de diversas fontes que não incluem o estudo/ideia original. Dessa maneira, abarca-se um ruído ao repertório pessoal, como naquela brincadeira infantil popular do século XX, o telefone sem fio. As fontes secundárias, terciárias, e assim por diante, podem possuir interferências e análises não contidas na fonte original, enviesando a própria análise, e embaçar a visão pessoal.

Sempre que possível, procure a fonte original. Talvez, ali, você consiga enxergar o que outros não viram.

Neste capítulo, apresentarei um exemplo extremo na ciência. A fonte secundária era um estudioso da natureza, reconhecido e aclamado, mas que serviu de instrumento para frear novas ideias e o progressivo avanço do conhecimento, Aristóteles. Abordarei a seguir como uma volta ao original – no caso das ciências naturais, a própria natureza – possibilitou que as pessoas, mais uma vez, vissem.

O momento histórico que precedeu a modernidade freava a ampliação do conhecimento, proibindo e condenando novas ideias, restringindo, portanto, o saber àquele alcançado por alguns pensadores da Antiguidade, dentre eles, Aristóteles. Medidas de proibições e contenções destinavam-se à manutenção das hierarquias e do poder da Igreja, desencorajando pensadores e, eventualmente, punindo-os.

O estudo da filosofia natural estava atrelado aos estudos teológicos, não havendo uma distinção entre "(pré) ciência" e religião. Nesse contexto, juntamente à Reforma Protestante, iniciou-se o nascimento da ciência moderna na Europa do século XVI; tanto uma volta aos textos sagrados, como à natureza, sem intermediadores. O político e filósofo inglês Francis Bacon (1561-1626), considerado por muitos um dos fundadores da ciência moderna e do método científico, defendia exatamente essa ideia de retorno à natureza.

> Vede portanto que vossas riquezas estão nas mãos de poucos e que as esperanças e as fortunas de

todos os homens estão colocadas talvez em seis cérebros. Deus não vos dotou de almas racionais para que presteis aos homens o tributo que deveis ao vosso Autor (vale dizer, a fé que deveis a Deus e às coisas divinas), nem vos concedeu sentidos firmes e eficientes para estudar os escritos de poucos homens, mas para estudar o céu e a terra que são obra de Deus. Celebrando os louvores de Deus e elevando um hino ao vosso Criador podeis aceitar que façam parte do coro até mesmo aqueles homens. Não há nada que vos impeça. (Rossi, 1992)

No seu livro mais conhecido, *Novum Organun*, de 1620, ele escreve sobre a teoria e o método da ciência, opondo-se a Platão e a Aristóteles de maneira clara:

> O intelecto humano, mercê de suas peculiares propriedades, facilmente supõe maior ordem e regularidade nas coisas que de fato nelas se encontram. Desse modo, como na natureza existem muitas coisas singulares e cheias de disparidades, aquele imagina paralelismos, correspondências e relações que não existem. Daí a suposição de que no céu todos os corpos devem mover-se em círculos perfeitos, rejeitando por completo linhas espirais e sinuosas, a não ser em nome. Daí, do mesmo modo, a introdução do elemento fogo com sua órbita, para constituir a quaderna com os outros três elementos que os sentidos apreendem.

Também de forma arbitrária se estabelece, para os chamados elementos, que o aumento respectivo de sua rarefação se processa em proporção de um para dez, e outras fantasias da mesma ordem. E esse engano prevalece não apenas para elaboração de teorias como também para as noções mais simples.[8]

Os homens se apegam às ciências e a determinados assuntos, ou por se acreditarem seus autores ou descobridores, ou por neles muito se terem empenhado e com eles se terem familiarizado. Mas essa espécie de homens, quando se dedica à filosofia e a especulações de caráter geral, distorce e corrompe-as em favor de suas anteriores fantasias. Isso pode ser especialmente observado em Aristóteles que de tal modo submete a sua filosofia natural à lógica que a tornou quase inútil e mais afeita a contendas. A própria estirpe dos alquimistas elabora uma filosofia fantástica e de pouco proveito, porque fundada em alguns poucos experimentos levados a cabo em suas oficinas. Assim também Gilbert, magneto, logo concebeu uma filosofia toda conforme ao seu principal interesse.[9]

Nota-se, nos trechos citados, a volta a uma ideia antiga, a mesma dos próprios filósofos da

---

8 Aforismo XLV.

9 Aforismo LIV.

Antiguidade; daqueles primeiros homens que olharam para o céu na busca por respostas. A ideia de beber da própria fonte: da natureza e não dos afluentes.

Nesse contexto, o físico e astrônomo florentino Galileu Galilei (1564-1642) começou a desenvolver uma teoria físico-matemática dos fenômenos naturais, voltando seu olhar não para os escritos dos antigos que conhecia muito bem (para criticar é preciso conhecer), mas vislumbrando o mundo ao seu redor, procurando, na natureza, regularidades que poderiam ser expressas de maneira matemática, certificadas a partir da realização de experimentos.

E foi experimentando que Galileu notou, ao apontar um telescópico rudimentar para o firmamento, que a nossa galáxia, a Via Láctea, não era apenas uma névoa branca no céu, mas era formada por um denso aglomerado de pequenas estrelas. Ao direcionar o olhar para a Lua, ele percebeu que a superfície dela era esculpida por montanhas e vales, assim como a Terra, em desacordo com o pensamento da maioria dos filósofos aristotélicos da época. O interesse em instrumentos científicos e nesse aspecto prático da ciência levou Galileu a se tornar também um inventor, desenvolvendo, por exemplo, a balança hidrostática, o compasso geométrico-militar e aperfeiçoando o telescópio para sua utilização na astronomia.

Galileu se tornou, portanto, não somente o mensageiro das estrelas, mas também o pai da física moderna, construindo os alicerces para o desenvolvimento do pensamento científico a partir de incontáveis constatações a respeito do mundo natural, incluindo a formulação da teoria do movimento dos corpos.

Uma profunda revolução do pensamento humano estava em curso, intimamente relacionada à obra de Galileu, culminando na revolução científica do século XVII cujo produto foi o nascimento da ciência moderna.

O conceito de resgatar as fontes primárias parece simples. Para os revolucionários daquele tempo e em muitos momentos da história, uma volta à natureza ou à fonte sem intermediadores poderia custar a própria vida. Mas, ainda hoje, muitos de nós conhecemos e estudamos sobre uma obra ou personagem histórico sob o olhar de escritores modernos, a partir das palavras de outros, e não diretamente da fonte.

Mais ainda, com o atual avanço tecnológico, o bombardeio de informações pode nos soterrar nos escombros do obscurantismo. Informação não é conhecimento. Revisitar as fontes atentamente, incluindo até mesmo os textos sagrados, e a natureza é crucial para a construção do conhecimento e de boas ideias, evitando-se, assim, o ofuscamento da mente e do próprio pensamento humano.

Ampliando o repertório

Checklist

- [ ] Investigue as fontes. Busque por fontes seguras e de qualidade como, por exemplo, periódicos reconhecidos de sua área.
- [ ] Leia amplamente, não se limitando a um único gênero ou tópico.
- [ ] Veja filmes, séries e documentários sobre assuntos do seu interesse para além do entretenimento.

Adapte, misture e transforme as ideias

Construa suas ideias a partir das ideias dos outros

*Na natureza nada se cria,
tudo se transforma.*

(A. Lavoisier)

Ninguém precisa começar do zero. Afinal de contas, hoje podemos ter acesso, de maneira mais facilitada, ao conhecimento (pelo menos se nos compararmos àqueles na Idade Média). Adaptar uma ideia a um contexto específico é um clássico. Estamos cercados de produtos estrangeiros adaptados especificamente para se encaixar em nossos hábitos culturais. A gigante estadunidense Starbucks provavelmente não vende pães de queijo em sua loja no Texas, mas, com certeza, eles não faltam na filial de Belo Horizonte. Inclusive, a Starbucks obviamente não inventou a arte de servir um cafezinho. Mas várias ideias foram misturadas para criar uma das maiores redes de *fast food* do mundo.

Neste capítulo, abordarei um exemplo clássico de como uma ideia da física foi descartada, adaptada, transformada e reutilizada muito tempo depois.

Existem ideias à frente de seu tempo, concebidas no momento errado, como o inesperado arranjo dos céus de Aristarco de Samos. Mas existem ideias enraizadas de uma época que moldam o pensar até mesmo de pessoas revolucionárias. De um jeito ou de outro, o tempo importa.

Em 1572, uma nova estrela apareceu no céu na constelação de Cassiopeia, mas desapareceu após dezesseis meses. Como era possível corpos celestes supralunares imutáveis surgirem e depois não serem mais vistos? Alguns astrônomos da época, entre eles, o britânico Thomas Digges, observaram esse fenômeno que contrariava os ensinamentos de Aristóteles. A ideia de que o universo não era perfeito e imutável começou a ganhar força. Thomas Digges traduziu passagens dos livros de Copérnico para o inglês e se tornou um árduo defensor do sistema no qual o Sol era o centro do cosmos. Já em 1576, ele defendeu, pela primeira vez, o conceito de um universo infinito, mas imóvel, no qual a esfera das estrelas fixas se estendia infinitamente.

Nesse mesmo período, Giordano Bruno, não por acaso, também filho da Renascença italiana, entrou em contato com as obras de Thomas

Digges, propondo então um universo sem contorno e sem um centro, contendo infinitos mundos. O universo de Giordano era infinito, eterno e vivo, capaz de se modificar. A perfeição estaria exatamente no movimento e na mutação, e não no imutável mundo de Aristóteles. A aparente rotação do firmamento ao nosso redor era uma ilusão criada pela rotação da Terra em torno do seu próprio eixo enquanto ela orbitava ao redor do Sol.

Ele defendia não mais um céu platonicamente perfeito, imutável, composto de um único elemento, o éter, no qual os corpos celestes descreviam movimentos circulares uniformes ao redor de um centro que não se movia, mas, sim, uma volta à ideia de que sem mudanças não existiria o mundo: tudo estaria em transformação, ainda que nossos sentidos não percebessem. Giordano Bruno foi executado na fogueira por heresia no dia 17 de fevereiro de 1600, em Roma.

Mais de três séculos depois, um dos mais famosos físicos da atualidade, Einstein, propôs o primeiro modelo cosmológico baseado na sua recém-formulada teoria da relatividade geral: o universo estático e com curvatura espacial positiva (semelhante a uma bola de futebol), e, consequentemente, finito.

Nem mesmo Einstein escapou das limitações do pensamento impostas por uma época. Um universo finito evitava o problema de grandezas infinitas e, como um todo, estático, como aquele proposto por Thomas Digges, uma hipótese amplamente aceita. Nem mesmo suas próprias equações que previam uma solução dinâmica para o universo (ou seja, um universo que se expande) convenceram Einstein.

Contra as evidências matemáticas, mas em pleno acordo com ideias enraizadas, até mesmo o gênio tinha sua visão enevoada e introduziu um termo extra em suas equações, uma constante, conhecida por constante cosmológica, com efeito repulsivo que contrabalanceia o efeito atrativo da gravidade. O resultado, como esperado, foi a estaticidade do cosmos. Outros físicos publicaram trabalhos subsequentes com modelos alternativos que apresentavam uma peculiaridade: todos representavam um universo em expansão. Em 1929, observando o movimento das galáxias, o astrônomo estadunidense Edwin Hubble mostrou um universo que de fato se expandia. O próprio Einstein classificou este como o maior erro de sua vida.

Mas tudo está em transformação, incluindo nossa própria realidade. Com o aprimoramento dos instrumentos científicos, novas portas se abrem e podemos vislumbrar um novo cômodo que pode alterar nossa versão da realidade. Essa atualização do sistema pode deixar a outra obsoleta; afinal de contas, a versão da realidade que chamamos de "verdadeira" muda com o passar do tempo. Hoje, dificilmente, encontramos alguém que pense em uma Terra estática no centro de tudo.

Em 1998, houve uma descoberta surpreendente: o universo se expande a uma taxa cada vez maior com o passar do tempo. Nosso modelo de universo precisaria ser, mais uma vez, revisto. Apenas 43 anos após a morte de Einstein, nossa versão da realidade precisava ser atualizada. A embaraçosa ideia anteriormente descartada de adicionar um termo extra, a constante cosmológica, às equações da relatividade geral voltou a ser considerada como uma possível solução para a expansão acelerada do universo. Nesse caso, o efeito repulsivo seria não mais para contrabalancear o efeito atrativo da gravidade com o intuito de manter o universo estático, mas, sim, para acelerar a expansão. A constante cosmológica interpretada como a energia atribuída ao "espaço vazio" é atualmente a melhor explicação para as observações, sendo incluída no modelo do *Big Bang*, conhecido como modelo cosmológico padrão, que segue vigente até a conclusão deste livro.

A ciência, a inovação, a arte e a própria vida rearranjam, na maioria das vezes, o que já existe, com uma nova roupagem, uma reciclagem de ideias. O processo inclui combinar velhas ideias para produzir novas, de acordo com nossas atuais necessidades ou, até mesmo, criar novas necessidades para velhas ideias.

Um outro exemplo claro na ciência nos transporta para aproximadamente cinco séculos a.C., outra vez, na fervilhante Grécia. Ali, já naquele tempo, alguns filósofos passaram a defender que o universo era composto por átomos, nome originário da palavra grega "indivisível". Acredita-se que esse pensamento atomista pode ter se desenvolvido em resposta a argumentos que consideravam qualquer mudança uma ilusão, pois nenhuma mudança seria possível sem que algo surgisse do nada.

Mas, de acordo com o pensamento da Antiguidade, nada nasce do nada. Considerados os pais do atomismo, Leucipo, do qual conhecemos muito pouco, juntamente a seu discípulo Demócrito, que repassou os ensinamentos de seu mestre, mostraram que mudanças eram, sim, possíveis sem que coisa alguma precisasse surgir do nada: existem certas partículas indivisíveis que precisam somente se rearranjar para revelar as mudanças aparentes no mundo a nossa volta.

Os atomistas, incluindo outros filósofos pré-socráticos, argumentam que o mundo natural é composto por dois tipos de realidade distintas: os átomos e o vazio. O número de átomos é infinito, com as mais variadas formas e tamanhos; contudo eles são imutáveis, indestrutíveis e não podem ser criados. Eles se movem no vazio, colidindo ou combinando-se. Toda a mudança que vemos no mundo é fruto dessa realocação dos átomos.

O pensamento da escola atomista foi modificado, encontrando em Epicuro, ainda na Grécia, e Lucrécio, já em Roma, sua difusão na Antiguidade. Mas os elementos da escola atômica contradizem aspectos essenciais da filosofia, cosmologia e ciência aristotélica, incluindo a ideia de vazio, sendo rejeitada por Aristóteles e caindo no esquecimento após a queda do Império Romano.

Mais uma vez e não por acaso, o renascimento dos textos antigos em meados do século XIV, resgatados de monastérios perdidos pela Europa medieval, proporcionaram nosso reencontro com as ideias atomistas. Mais uma vez e não por acaso, Giordano Bruno apoia-se nessas ideias para discorrer sobre o universo, uma infinitude de corpos e o vazio.

Mas esse resgate não foi triunfal, passando por altos e baixos até chegarmos ao cenário atual. Em 1738, o matemático e físico suíço Daniel Bernoulli desenvolvia estudos que tinham como objetivo explicar as leis empíricas por trás do comportamento dos gases, assumindo o modelo atômico da matéria, em uma época que o método científico já era utilizado e não havia evidências experimentais que dessem suporte à existência do átomo. A não aceitação das teorias de Bernoulli era evidente. Em 1803, quando o químico inglês John Dalton retomou o conceito de que o átomo fosse uma esfera maciça, indivisível e indestrutível, a maioria da comunidade científica ainda rechaçava esse conceito.

Somente na metade no século XIX, os trabalhos do físico britânico James Maxwell relacionados à teoria cinética dos gases permitiram acesso às dimensões previstas para o mundo atômico. A discussão da hipótese atômica deixa, portanto, de ter um caráter puramente filosófico e começa a ser vista à luz da experimentação. Apesar das duras críticas, as pesquisas avançaram e culminaram na descoberta do elétron, partículas de carga negativa que constituem os átomos, em 1897. Apenas no início do século XX, a existência do próton foi confirmada, seguida da descoberta do nêutron em 1932, ambos constituindo peças do núcleo atômico. O modelo para o átomo sofreu alterações ao longo dos anos com o surgimento da mecânica quântica e o avanço experimental.

Claramente, o conceito atual do que se configura o átomo difere bastante da ideia original. Mesmo formado por outras partículas, a palavra átomo tradicionalmente se manteve, apesar de o átomo não ser indivisível. Contudo a semente que germinou e deu origem à teoria vigente partiu da Antiguidade clássica, foi revisitada e negada várias vezes na história. A evolução dos experimentos possibilitou reformá-la. Mas a ideia fundamental de que certas partículas precisam se rearranjar para revelar as mudanças aparentes no mundo a nossa volta permanece. Diferentes combinações de átomos formam distintas moléculas que se unem para formar diversas substâncias inorgânicas ou, até mesmo, uma variedade de células que, por sua vez, constituem os seres vivos organizados em diferentes espécies.

Essa reformulação de ideias vai muito além da ciência, englobando todas as esferas do conhecimento, incluindo, claro, a tecnologia. Quem viveu o início dos anos 2000 ficou extasiado com o lançamento da Apple que mudou a indústria da música: o iPod. O design e a funcionalidade daquele aparelhinho portátil deixaram o mundo encantado, sendo incluído como uma das inovações mais importantes dos últimos 25 anos. Mas o que de realmente novo o iPod oferecia?

Em 1998, o primeiro MP3 Player surgiu no mercado e dezenas de tipos estavam disponíveis para a compra antes de o iPod ser lançado. A Apple simplesmente repaginou o MP3 Player, tornando-o leve, compacto e capaz de armazenar uma enorme quantidade de músicas para a época. Um dos grandes diferenciais foi a introdução de uma roda central de rolagem que permitia maior praticidade na seleção da música. E a Apple não parou por aí; a empresa seguiu evoluindo o aparelho e disponibilizando diversas versões mais aprimoradas ao longo dos anos. O iPod também desencadeou outra ideia genial da gigante de tecnologia: a loja de música iTunes, que estreou em 2003.

A arte, a literatura e o cinema também vivem reciclando velhas ideias. Quem não se lembra do sucesso de bilheteria de *Matrix*, de 1999? Um filme até hoje bastante atual, assim como os textos do filósofo grego da Antiguidade, Platão. Em seu livro *A República*, "O mito da caverna" narra um diálogo travado entre Sócrates e Glauco a respeito do conhecimento humano. O enredo de *Matrix* é uma referência clara a "O mito da caverna", contextualizado de forma a cativar o espectador, utilizando-se de uma roupagem mais moderna.

Lembre-se, você não precisa inventar a roda; basta encontrar diferentes maneiras de fazê-la girar.

Reciclando ideias

Checklist

- ☐ Informe-se sobre as ideias que deram certo e também as que não deram certo dentro da sua área de interesse.

- ☐ Entenda o contexto no qual você está inserido e quais problemas precisam ser solucionados.

- ☐ Pratique a escuta ativa. Quando conversar com alguém, realmente ouça o que a pessoa tem a dizer. Um ponto de vista diferente do seu pode ajudar a reciclar uma velha ideia.

Tire um tempo para pensar

Ah, o ócio criativo...

Cogito, ergo sum.
(R. Descartes)

Em um mundo cada vez mais acelerado, quem tem tempo de qualidade para simplesmente pensar e amadurecer uma ideia? Como conciliar trabalho, estudo e lazer? Essa é exatamente a fórmula do ócio criativo de acordo com o sociólogo italiano Domenico de Masi (2004). E não o ato de não fazer nada, como muitos podem pensar. Além disso, ele ressalta que o equilíbrio entre emoção e razão também é um fator importante. Masi concluiu que nossa civilização não é sobre trabalhar cada vez mais, mas, sim, trabalhar cada vez menos, produzindo sempre mais. Seria essa uma fórmula possível? Tem-se discutido mundialmente propostas de redução da carga de trabalho semanal. Mais tempo livre para estudos (busca por conhecimento) e lazer (bem-estar), talvez permita à população observar mais e perceber algo novo que ainda estava invisível aos sentidos. Certa vez, ouvi que criatividade é o simples que ainda não foi percebido.

Neste capítulo, o personagem principal é ninguém menos que Albert Einstein no seu miraculoso ano de 1905. Será abordado como o ócio criativo pode ter tido seu papel na revolução que Einstein causou na física.

Em 1905, Einstein conciliava o trabalho em um escritório de patentes com seus estudos em física e sua paixão pela música. Anos antes, após se formar em física, ele se tornou o único entre seus colegas da Universidade Politécnica de Zurique a não receber uma oferta de emprego de professor-assistente.

Em 1902, Einstein foi contratado pelo Escritório de Patentes, onde passou a exercer a função de técnico de classe 3 do Escritório Federal de Propriedade Intelectual, dedicando parte do seu tempo ao estudo da física. Além disso, seus momentos de alegria e bem-estar estavam fortemente relacionados à música. Ela era fundamental para tudo que ele pensava e fazia: equilíbrio entre a razão e a emoção, ciência e arte.

Einstein tinha seis anos quando sua mãe, uma talentosa pianista, providenciou aulas de violino a ele, tornando a música uma parte inseparável de sua vida, que a levava para todos os lugares. "Lina", como Einstein carinhosamente chamava o violino, viajava com ele para quase todos os lugares e as casas dos amigos se transformavam rapidamente em palcos para encontros musicais.

E foi a partir da música – e com ela – que Einstein desenvolveu uma das teorias mais elegantes da física, revolucionando a ciência.

Nesse cenário de equilíbrio entre trabalho, estudo e lazer, Einstein realizou o milagre em 1905. Entre março e junho daquele ano, Albert Einstein, um físico desconhecido, sem doutorado e que trabalhava em um escritório de patentes publicou cinco artigos que mudariam o rumo da humanidade. Nada sequer parecido tinha acontecido na história da ciência desde Isaac Newton.

O primeiro desses artigos, em março, propõe algo bastante ousado: a luz é formada por pequenas partículas, os fótons, que possuem energias bem-definidas, proporcionais à frequência. Dessa maneira, foi possível compreender um fenômeno envolvendo a radiação eletromagnética, que não conseguia ser entendido a partir da teoria ondulatória da luz, tirando o sono dos físicos da época, o efeito fotoelétrico. Nele, uma placa metálica é bombardeada por um feixe luz, causando a expulsão dos elétrons de sua superfície. Esses elétrons são capturados por outra placa positivamente carregada, produzindo uma corrente elétrica que pode ser medida.

Acreditava-se que, de acordo com a natureza ondulatória da luz, quanto mais intensa a luz, mais energéticos seriam os elétrons ejetados. Mas esse não foi o resultado observado no experimento. Abaixo de uma determinada frequência, nenhuma corrente era medida, independentemente de quão intensa era a radiação incidente. Aumentando a frequência da luz, a velocidade dos elétrons aumentava em razão do ganho de energia. Ao variar a intensidade da luz, o experimento mostrou que mais elétrons eram "expulsos" da placa; contudo a energia deles não era alterada.

Considerando-se a proposição de Einstein, certas frequências da radiação incidente não causam a ejeção de elétrons da placa metálica no efeito fotoelétrico porque os fótons não possuem energia suficiente para remover os elétrons da superfície do metal. Quanto maior a frequência da luz, mais energéticos são os fótons que a compõem. Quanto mais intensa a luz emitida em uma certa frequência, maior o número de fótons, porém todos possuem a mesma energia. Além disso, esses pacotes de luz somente podem ser absorvidos ou emitidos em unidades completas. Por esse trabalho, Albert Einstein recebeu seu único prêmio Nobel de física em 1921 e se tornou um dos pais de uma nova teoria que surgia: a mecânica quântica.

Em abril de 1905, Einstein teve sua dissertação aceita para obtenção do doutorado pela

Universidade de Zurich, que se tornaria seu segundo artigo naquele ano. Ele determinou a dimensão das moléculas a partir de fenômenos físicos observados nos líquidos. A maioria dos estudos anteriores relacionados a moléculas tinha sido realizado utilizando-se gases.

O artigo que veio logo em seguida (onze dias depois) explicava o movimento browniano. Esse efeito foi descoberto em 1828 pelo botânico Robert Brown quando ele notou através de um microscópio que grãos de pólen suspensos na água se movimentavam em zigue-zague. Uma explicação para esse movimento era um mistério desde então. Einstein resolveu esse quebra-cabeça, mostrando matematicamente que milhões de colisões aleatórias das moléculas de um líquido podiam, sim, movimentar as partículas muito mais pesadas que flutuavam em sua superfície. Ele então alavancou a ideia de que a matéria era divisível, composta por átomos.

O quarto artigo, que apareceu em junho, é provavelmente o mais famoso de todos. Nele, a teoria da relatividade especial é desenvolvida, modificando-se as bases da mecânica, sendo a mecânica de Galileu a Newton uma aproximação válida para velocidades pequenas (em relação à velocidade da luz).

A ideia básica da nova teoria foi formulada de maneira simples: as leis fundamentais da física são as mesmas para observadores, movendo-se uniformemente com velocidades constantes, um em relação ao outro, nos chamados referenciais inerciais. Além disso, a velocidade da luz é constante, independentemente da velocidade do emissor ou da velocidade do observador em relação à fonte, com valor de 299.792.458 metros por segundo. Esse resultado estava de acordo com as observações feitas até então. Para exemplificar as consequências desses postulados, Einstein formulou vários experimentos mentais envolvendo trens. Observador e curioso, Einstein trabalhava em um escritório de patentes, perto da estação de trem de Berna.

E para fechar o ano, ele ainda publicou um último artigo, mostrando que energia e massa estão conectadas a partir da célebre equação $E=mc^2$. Ou seja, um corpo massivo contém energia armazenada mesmo que em repouso. Além disso, a energia desse corpo aumenta com a velocidade e, para que isso seja possível, sua massa também deve aumentar com a velocidade, atingindo um valor infinito para a velocidade da luz. Como acelerar então um objeto até a velocidade da luz? Precisaríamos de uma quantidade infinita de energia. Por esse motivo, na teoria da relatividade, a velocidade da luz é a maior velocidade possível.

Talvez, o ócio criativo não tenha sido um fator determinante para Einstein mudar a história da ciência em alguns meses, mas pode, sim, ter contribuído. Além disso, ele conhecia profundamente a física de seu tempo, um catalisador para adaptar ideias de outros cientistas na construção de suas próprias teorias. Sua inerente curiosidade e observação da natureza também contribuíram para suas soluções criativas para problemas difíceis. E, claro, ele estava no lugar certo, na hora certa. Einstein também mantinha discussões acaloradas sobre seus trabalhos com outras pessoas. Esse é o tema do próximo capítulo: não se isole.

Arejando a mente

Checklist

- [ ] Tente equilibrar a vida pessoal e a vida profissional.

- [ ] Tenha um *hobby*.

- [ ] Não seja o carrasco de si mesmo. Vivemos em uma sociedade pautada pelo desempenho que nos transforma em vigilantes de nossas próprias ações.

Não se isole

O poder das relações

*O Homo sapiens é em
essência um animal social.*

(Y. Harari)

Converse sobre suas ideias com outras pessoas. Seus amigos e conhecidos podem ser a parte que faltava para a sua boa ideia. Reza a lenda que o próprio Einstein resolveu um dilema da teoria da relatividade especial durante um passeio com seu grande amigo, o engenheiro suíço Michele Besso. Fale, mas também ouça outras pessoas. Pode ser que o tão esperado *insight* venha da simples constatação de que outra pessoa enxerga e resolve determinado problema de maneira diferente da sua. Não por acaso, o Iluminismo, um dos movimentos intelectuais mais importantes do século XVIII, tomava forma entre um café e outro pelos bairros de Paris.

O mito do gênio solitário é perigoso e fantasioso. À primeira vista, a premissa de que grandes ideias surgiram em mentes brilhantes, trabalhando em isolamento a partir de um súbito entendimento a respeito de algo, pode parecer coerente. Somos constantemente bombardeados pela genialidade estereotipada da cultura popular a partir de livros, filmes e séries. A própria história ao redor de nomes como Isaac Newton, Albert Einstein e, até mesmo, nosso contemporâneo Steve Jobs pode ser considerada uma justificativa histórica para o gênio solitário.

Apesar da aparente solitude, todos eles interagiram, em menor ou maior grau, com seus professores e colegas. Einstein também cultivava laços familiares e de amizade, que hoje sabemos ter relevância no número de neurônios e suas ligações sinápticas, além de esculpir suas formas e tamanhos por meio de experiências repetidas. Ou seja, nossos relacionamentos podem, aos poucos, moldar o nosso cérebro. Pessoas conectadas podem, juntas, ser mais criativas. A criatividade e a imaginação são ingredientes fundamentais para que ideias possam florescer (Goleman, 2019).

Mas grandes ideias quase nunca são suficientes por conta própria. Elas precisam ser tiradas do mundo dos sonhos. É necessário muito trabalho e certo pragmatismo. A Apple, uma das maiores empresas de tecnologia do mundo, foi fundada em conjunto por Steve Jobs, Ronald Wayne e Steve Wozniak, sendo esse último, inclusive, o criador do computador Apple I. Liderada por Steve Jobs, uma equipe, na qual estava também Jonathan Ive, levou a beleza estética para os computadores. Esse encontro entre arte e ciência não é nenhuma novidade e deu certo mais uma vez. Além de um visionário, como Steve Jobs, inovações bem-sucedidas precisam de um time que consiga viabilizá-las.

No exemplo deste capítulo, mostrarei brevemente como a ciência atual é profundamente colaborativa, envolvendo diversos pesquisadores e estudantes, muitas vezes, de especialidades diversas, trabalhando em conjunto, unidos por um objetivo em comum.

Recentemente, em 2015, "rugas" na própria estrutura do espaço-tempo causadas pelo movimento de grandes objetos massivos no universo foram medidas pela primeira vez. Apesar dessas ondulações serem geradas a partir de eventos cataclísmicos nos confins do universo, elas causam oscilações no espaço-tempo aqui na Terra da ordem de mil vezes menor do que o núcleo do átomo.

O desenvolvimento de instrumentos capazes de realizar medições tão precisas envolve um grande número de pessoas. A colaboração do experimento LIGO (do inglês, *Laser Interferometer Gravitational-Wave Observatory*), responsável pela primeira medida de ondas gravitacionais geradas pela colisão entre dois buracos negros que aconteceu a 1,3 bilhão de anos-luz de distância de nós, conta com mais de 1.200 cientistas de mais de cem instituições em dezoito países diferentes.

Já o CERN (do antigo acrônimo para, em francês, *Conseil Européen pour la Recherche Nucléaire*) é o maior laboratório de física de partículas do mundo que tenta responder a algumas perguntas fundamentais em física, relacionadas tanto às interações entre partículas como aos constituintes do universo. Em 2017, a colaboração tinha mais de 17.500 pessoas. Entre elas, cerca 2.500 eram responsáveis pelo desenvolvimento, pela construção e operação da infraestrutura de pesquisa, além da reunião dos dados coletados para 12.200 cientistas de 110 nacionalidades em institutos localizados em mais de setenta países. Esses imenso complexo abriga o Grande Colisor de Hádrons (LHC, do inglês *Large Hadron Collider*) que detectou, em 2013, a partícula conhecida como bóson de Higgs, a última peça que faltava no quebra-cabeça do modelo-padrão da física de partículas, conferindo uma existência real a uma previsão teórica da década de 1960. O Higgs representa a chave para explicar a origem da massa das outras partículas elementares na natureza. Tanto as medidas referentes às ondas gravitacionais quanto àquelas referentes ao bóson de Higgs foram laureadas com o prêmio Nobel de física.

Apesar da notoriedade de que a troca de informações produz inovações e alimenta a criatividade, ambientes acadêmicos e corporativos ainda são bastante homogêneos, não obstante a crescente demanda por diversidade nesses trabalhos colaborativos. Essa segregação resulta de classe social, geografia, raça ou gênero. No Brasil, por exemplo, entre 2014 e 2018, havia menos de 30% de mulheres atuando nas áreas de física e astronomia (Kleijn *et al.*, 2020). Além disso, as bolsas de produtividade distribuídas pelo CNPq às pesquisadoras de destaque no país nas áreas de física e astronomia permanecem há mais de uma década em torno de apenas 11%(Menezes et al., 2016). Diferentes perspectivas e experiências são essenciais na formulação de perguntas e proposição de soluções. Diversidade gera inovação.

No setor de tecnologia, a gigante Google vem promovendo ações de diversidade. Em 2020, a empresa divulgou uma carta aberta com metas para aumentar a diversidade e elevar a participação de grupos sub-representados em posições de liderança. Muito mais do que uma epifania, grandes descobertas, ideias e inovações estão no cume de montanhas de trabalho colaborativo e em constante aperfeiçoamento.

Na ciência não é diferente. Hipóteses são levantadas, debatidas e testadas no longo processo científico. No atual cenário conectado, cujas informações são disseminadas com uma velocidade sem precedentes, o estereótipo do gênio solitário, muitas vezes, provoca o surgimento de gurus, mitos e heróis dispostos a derrubar os sólidos alicerces construídos pela ciência. Os meios para que todos possam comentar e opinar a respeito dos mais variados assuntos, independentemente da escolaridade, experiência ou conhecimento, estão disponíveis a cada clique. O perigo é considerar a opinião de gurus, mitos e heróis em pé de igualdade com o estudo sistemático de centenas, e até milhares, de cientistas em determinado segmento, que dedicaram a vida para modelar, analisar e interpretar os dados. Opiniões vazias de conhecimento levam a questionamentos em massa, infundados, sobre eficácia das vacinas, mudanças climáticas e, até mesmo, (pasmem) sobre a esfericidade da Terra.

Fazendo uma rede de contatos

Checklist

- ☐ Participe de palestras e eventos de sua área (virtuais ou presenciais).

- ☐ Apresente seus próprios trabalhos em eventos.

- ☐ Chame pessoas aptas para colaborar com você em um projeto. É melhor dividir uma conquista que ser o único dono de coisa nenhuma.

Errar faz parte do processo

Enterrando ideias

Eu não falhei. Apenas descobri 10 mil maneiras que não funcionam.

(T. Edison)

Não tenha medo de errar, o erro pode ajudar a construir uma ideia ainda melhor. Todos nós erramos. E muitos de nós já tivemos algum tipo de ideia que não deu certo ou que estava simplesmente errada.

Além disso, até mesmo boas ideias não são sinônimos de sucesso. Algumas tendências tecnológicas, por exemplo, podem ficar aquém do esperado, apesar de terem funcionado bem em outros contextos. Um exemplo é a tecnologia 3D transportada dos cinemas para as televisões no início da década de 2010, que logo foram abandonadas por causa do custo elevado e das poucas opções de conteúdo nesse formato.

Na ciência, algumas ideias que, apesar de razoáveis e até mesmo amplamente aceitas em uma época, se tornaram obsoletas por terem se mostrado incompletas, inadequadas ou simplesmente erradas quando confrontadas com os experimentos/observações. Falarei sobre algumas dessas ideias neste capítulo.

Já no início do século XIX, existiam diferentes métodos matemáticos capazes de prever o movimento dos planetas. Uma perturbação na órbita do planeta Urano levou à descoberta de Netuno, como visto no capítulo "Seja curioso". Motivado por essa previsão certeira, um dos astrônomos responsáveis por esses cálculos, o francês Urbain Le Verrier, começou então a reavaliar as perturbações nas órbitas dos outros planetas conhecidos no nosso Sistema Solar, até finalmente se deparar com Mercúrio, o qual sofre uma pequena variação na localização do seu periélio[10] com o passar do tempo.

Todos os planetas sofrem variações em suas órbitas em razão das perturbações causadas pelos outros planetas, porém essa lenta precessão do periélio de Mercúrio, que se somava aproximadamente 43 segundos de arco[11] por século, não conseguia ser explicada pela física newtoniana. A explicação proposta por Le Verrier na década de 1850 baseou-se em seu sucesso anterior: um novo planeta "invisível" deveria existir na órbita entre Mercúrio e Sol.

---

10   O ponto da órbita mais próximo ao Sol.

11   Unidade de medição de ângulos.

Esse planeta hipotético nomeado Vulcano, em homenagem ao deus do fogo na mitologia Romana, começou a ser procurado. Contudo, a ideia de Vulcano começou a desabar em razão da falta de evidências após várias observações astronômicas. Apesar de a ideia ser boa e ter se mostrado correta anteriormente, a inclusão de um novo planeta no nosso Sistema Solar não era a resposta.

Esse problema permaneceu em aberto até o início do século XX. Mas, ainda no século anterior, alguns cientistas já começavam a questionar as fundações da lei da gravitação newtoniana. Em 18 de novembro de 1915, Einstein apresentava à Academia Prussiana de Ciências o trabalho *Explicação sobre o movimento do periélio de Mercúrio a partir da teoria da relatividade geral*. Sem nenhum artifício adicional, Einstein calculou essa pequena discrepância na variação na órbita de Mercúrio, usando somente previsões diretas da teoria e encontrou um valor de 43 segundos de arco por século.

Outro exemplo recai sobre as ideias a respeito dos conceitos de temperatura e calor. Apesar da Termodinâmica ter se desenvolvido principalmente a partir de meados do século XVIII, muitas ideias, mesmo interessantes, em razão da inadequação com relação às novas observações, acabaram sendo substituídas ao longo do tempo.

Ainda no século XVI, o visionário Galileu Galilei construiu um termômetro rudimentar que foi aperfeiçoado até chegar aos termômetros modernos. O processo é simples: o aparelho entra em equilíbrio térmico com o sistema cuja temperatura se busca medir. Mas o que será que é transferido de um corpo para o outro quando eles estão a diferentes temperaturas? Estabelecido o contato térmico entre dois corpos a temperaturas distintas, o calor passa de um corpo para o outro.

No século XVII, parecia natural que o calor "fluísse" de um corpo com temperatura mais alta para o outro com temperatura mais baixa. O fluxo de calor prosseguiria até que as temperaturas se igualassem, sendo o calor uma substância chamada de calórico. Essa ideia era amplamente aceita. Mas alguns cientistas, incluindo Isaac Newton, acreditavam que a teoria do calórico não era capaz de explicar satisfatoriamente certos fenômenos como, por exemplo, a produção de calor pelo atrito de dois corpos.

Com base em experimentos, a teoria do calórico começa a cair por terra, ascendendo a ideia de que o calor, na verdade, resulta do movimento das partículas, sendo uma forma de energia.

Paralelamente à discussão a respeito da natureza do calor, a máquina a vapor é desenvolvida, um dos ingredientes da Revolução Industrial que impulsionou outras inovações. Forma-se, portanto, um ciclo no qual invenções impulsionam a ciência que, por sua vez, estimula o aperfeiçoamento e/ou desenvolvimento de invenções.

No século XX, o avanço científico levou a um inegável avanço tecnológico e o embate entre ideias divergentes farão sempre parte desse cenário até que novos dados empíricos revelem o caminho. Vamos voltar à ideia da constante cosmológica proposta por Albert Einstein, descartada mais tarde e retomada recentemente.

Einstein acreditava, baseado nos escassos dados observacionais da época, assim como a maioria dos cientistas, que o universo era estático. Contudo não era possível encontrar nas equações da relatividade geral de 1915 uma solução de universo estático, de tal forma que ele modificou suas próprias equações originais, adicionando um parâmetro extra, chamado de constante cosmológica. Agora, para certos valores dessa constante cosmológica, havia uma solução estática para o universo.

Em 1929, enquanto trabalhava no Carnegie Observatories, em Pasadena na Califórnia, o físico Edwin Hubble conseguiu medir a velocidade de algumas galáxias. Na vizinhança da Via Láctea, a maioria das galáxias exibia velocidades que evidenciavam que elas estavam se afastando de nós. Além disso, quanto mais longe estava a galáxia da Via Láctea mais rápido ela parecia se afastar; o universo está de fato se expandindo. Em um universo comprovadamente dinâmico, a constante cosmológica não se faz mais necessária.

Contudo, no final da década de 1990, descobrimos que o universo está se expandindo aceleradamente. A maneira de explicar essa expansão acelerada do universo foi voltar com a constante cosmológica que contribui com a energia do vácuo, tornando-se um modelo aceito pela comunidade científica. Vimos esse exemplo no capítulo "Adapte, misture e transforme as ideias".

Porém existe um problema: a densidade de energia do espaço vazio parece ser imensamente maior do que o limite medido a partir das observações cosmológicas. Levando-se em consideração cálculos quânticos, essa densidade de energia do vácuo deve ser várias ordens de grandeza maior do que o valor medido. Ainda que o modelo cosmológico padrão obtenha sucesso como explicação empírica de vários observáveis cosmológicos, essa discrepância e a falta de uma justificativa teórica para um valor tão baixo medido da constante cosmológica levou à busca por outros modelos de universo. Chamamos então essa expansão acelerada do universo de energia escura, sendo a constante cosmológica apenas uma candidata possível.

Contudo outras ideias continuam em debate, dividindo, de certa forma, a comunidade científica. A explicação para essa expansão acelerada pode ser atingida teoricamente de algumas outras maneiras: mantendo-se a teoria de gravitação dada pela relatividade geral, mas mudando a energia escura da constante cosmológica para outro componente; ou de forma mais drástica, mudando a própria teoria de gravitação. Além dessas, existem também outras possibilidades. Esse ainda é um problema em aberto na cosmologia moderna. Qual dessas ideias irá prevalecer e quais serão enterradas, só o futuro dirá.

O erro é parte importante do processo de aprendizagem. O essencial é não se deixar tomar pela frustração. Admita o erro para não persistir nele, examine-o e tente entender porque ele aconteceu e transforme todo esse aprendizado em prática, impulsionando novas ideias e ações. Como veremos no próximo capítulo, além dos erros, as dificuldades podem ser utilizadas como "motivação" extra para encontrar soluções para os problemas.

Resumindo, ideia somente boa não basta. Além de ter que passar por uma comprovação observacional, no caso científico, muitos outros fatores são importantes para o sucesso de uma boa ideia: o tempo, o lugar, a necessidade e a viabilidade são alguns exemplos.

Aprendendo com os erros

Checklist

- [ ] Reconheça o erro. Negar ou ignorar o problema só prolonga o processo de aprendizagem. Parece óbvio, mas acontece muito.

- [ ] Faça uma análise detalhada da situação para entender as causas do erro e por que sua ideia fracassou.

- [ ] Converse com outras pessoas para obter uma perspectiva externa sobre o que deu errado.

Faça do limão uma limonada

Desafie os limites

Tudo que existe no universo é fruto do acaso e da necessidade.

(Demócrito)

Os obstáculos impulsionam a criatividade: um problema que precisa de solução. Ideias geniais costumam surgir em momentos de crise. As adversidades são inevitáveis e representam um momento de desenvolvimento acelerado. Elas são grandes incentivadoras do surgimento de novas ideias e invenções que possam solucionar, de maneira rápida, determinado problema. Pode não ser fácil, mas é preciso espremer esse limão, adicionar água e açúcar e fazer dele uma bebida saborosa. Várias marcas que conhecemos surgiram dessa maneira, assim como inovações científicas e tecnológicas. Neste capítulo, falaremos um pouco de como isso aconteceu, principalmente na história das guerras do século XX.

O século passado foi praticamente inaugurado pela Primeira Grande Guerra de proporções catastróficas: quantidade de soldados, armamentos, munições, bombas e armas químicas. Esse período marcou grandes avanços científicos na medicina, cirurgia, física, química e matemática. O elevado número de cientistas consagrados no final do século XIX e início do século XX é um indicativo do progresso realizado durante a calamidade mundial. As décadas seguintes foram marcadas pela tentativa de reconstrução dos países europeus devastados do pós-guerra, montando o cenário para o que viria a ser a Segunda Guerra Mundial, que culminou na detonação de bombas nucleares e inovações na medicina e tecnologia, remodelando drasticamente o mundo.

Com o fim da Segunda Guerra, as divergências entre as potências vencedoras estabeleceram a atmosfera para uma guerra além da guerra: a corrida armamentista e a corrida espacial, que constituiu uma busca acirrada pelo desenvolvimento de tecnologia aeroespacial. Recentemente, a pandemia de covid-19 trouxe, além de avanços na medicina, inovações digitais que vão continuar a influenciar o mundo pós-pandêmico.

Ilustrativamente, a famosa parábola "O monge e a vaca" pode ajudar a refletir sobre a possibilidade de emergirem boas ideias das adversidades:

Um monge e seu discípulo seguiam caminho pela montanha em direção a um mosteiro onde permaneceriam por um ano. Com a aproximação da noite, procuraram um lugar onde pudessem pernoitar. Logo adiante avistaram uma casinha isolada, simples e rústica, onde morava uma família muito pobre. O monge pediu à família um quarto onde pudessem dormir e seguir viagem na manhã seguinte.

O dono da casa, muito solícito, ofereceu um pequeno quarto disponível, mas se desculpou por não ter cama nem nenhum tipo de conforto. Era apenas um chão forrado de palha. O monge disse que só aquilo já estava ótimo. Na manhã seguinte foram tomar o desjejum. À mesa havia apenas um pouco de leite, queijo e um mingau ralo. Novamente o dono da casa se desculpou por não poder oferecer uma refeição melhor e o monge respondeu dizendo que, para eles, aquilo era um banquete. Enquanto comiam, o monge perguntou ao dono da casa:

— Neste lugar não há sinais de comércio ou trabalho. De onde vocês tiram seu sustento?

O dono da casa respondeu:

— Ah, temos aqui atrás da casa uma vaquinha milagrosa. Ela nos dá muito leite todos os dias e, com isso, conseguimos fazer queijo, coalhada e mingau. E dessa forma vamos sobrevivendo.

O monge agradeceu a hospitalidade e, junto com o discípulo, seguiram viagem. Haviam andado poucos metros quando o monge parou, deu meia-volta, contornou a casa e soltou a vaquinha do pasto.

Levou-a até o precipício e, então, atirou o animal lá de cima. O discípulo, espantado e revoltado com o mestre, exclamou que ele havia acabado com a única fonte de sustento da família que os hospedou tão gentilmente. O mestre não disse mais nada e, em silêncio, rumaram para o mosteiro.

Passado um ano, o monge e seu discípulo resolveram retornar à cidade e, para isso, teriam que percorrer o mesmo caminho por onde vieram. Descendo as encostas da montanha e com a noite se aproximando, resolveram procurar um lugar para passar a noite. Foram, então, em direção à casinha rústica da família que os hospedara antes. Chegando lá, viram que o lugar estava diferente. A casa da qual lembravam não existia mais. No lugar, um belo casarão, bem pintado e decorado despontava na paisagem, juntamente com diversas carroças e um agradável jardim.

Chamaram pelo dono da casa e este os veio receber. Era o mesmo homem de antes, porém estava mais bem nutrido, feliz e suas roupas não eram os trapos de antes. Acolheu os monges com um largo sorriso e ofereceu-lhes um quarto que, desta vez, era maior, mobiliado e com duas camas confortáveis. Pela manhã, no café, serviram suco, frutas, pães, queijos, ovos e outras guloseimas. Enquanto comiam, o monge perguntou ao dono da casa:

— Neste lugar não há sinais de comércio ou trabalho. De onde vocês tiram todo seu sustento?

O dono da casa respondeu:

> — Ah, ocorreu uma tragédia conosco há um ano. Nossa vaquinha leiteira, única fonte de sustento da família, se soltou do pasto e caiu no precipício. Entramos em grande aflição e nos vimos obrigados a procurar outras formas de nos manter. Assim, aprendemos a plantar e cultivar diversas frutas e hortaliças, começamos a fazer produtos próprios e comercializá-los lá na cidade. Assim, graças à perda da nossa vaquinha, hoje temos uma vida muito melhor do que antes.

A parábola pode parecer clichê, mas foi exatamente o que aconteceu no percurso de algumas marcas que consumimos atualmente. A Nutella, por exemplo, surgiu quando um confeiteiro italiano resolveu criar um creme mais barato depois que o cacau tinha sumido no pós-Segunda Guerra. Ele utilizou o avelã, açúcar e apenas uma pitada de cacau. A partir daí, a marca se tornou um sucesso e conquistou o mundo, faturando bilhões de euros.

Dessa mesma crise, surgiu o refrigerante Fanta. Uma sanção proibiu a entrada do xarope que dá origem à Coca-Cola na Alemanha nazista da Segunda Guerra. A empresa tinha duas opções: fechar a fábrica no país ou criar um novo produto. Das sobras da maçã, a Fanta foi inventada. Esse novo produto sofreu modificações ao longo dos anos e incorporou novos sabores. Hoje, a Fanta está entre as marcas mais lucrativas da Coca-Cola.

Na física, os anos que precederam a Primeira Guerra viram o florescer do estudo das propriedades dos átomos, da mecânica quântica, da relatividade especial e da famosa equação de equivalência entre massa e energia. Essa explosão de criatividade entregou um arsenal teórico poderoso que culminou em avanços não somente na física, mas em diversas áreas do conhecimento, principalmente durante os períodos de duração das duas grandes guerras.

Alguns desses cientistas proeminentes viveram o conflito de 1914-1918 e tiveram suas carreiras relacionadas com a Primeira Guerra Mundial, entre eles o físico alemão Hans Geiger, que serviu nas forças armadas alemãs como oficial de artilharia, conhecido pelo experimento que possibilitou a descoberta do núcleo atômico.

Muitos cientistas estavam trabalhando no desenvolvimento de tecnologias bélicas, incluindo pesquisas com gases tóxicos, como o controverso químico alemão Fritz Haber, laureado com o prêmio Nobel de química em 1918 pela descoberta da síntese do amoníaco (importante para fertilizantes e explosivos). Fritz organizou o departamento de guerra química do Ministério da Guerra da Alemanha. Ironicamente, em 1934, com a chegada de Adolf Hitler ao poder, ele, por ser judeu, foi obrigado a abandonar a Alemanha.

A célebre física polonesa Marie Curie também contribuiu de forma direta com o cuidado de saúde de soldados e combatentes no *front*. Ela não somente serviu como enfermeira, mas criou uma estratégia móvel para realizar exames de raios x nos feridos, além de lutar ativamente pelo treinamento, especialmente de mulheres, nas técnicas de radiologia. A Primeira Guerra possibilitou a substituição gradual de postos anteriormente ocupados somente por homens, iniciando um processo de transformação a respeito dos papéis destinados historicamente às mulheres na sociedade europeia.

Nesse período conturbado, outra mulher, a física austríaca Lise Meitner também serviu como técnica de raios x pelo exército austríaco. Mais tarde, no ano que marcou o início da Segunda Guerra Mundial, ela foi responsável por interpretar o processo que ficaria conhecido como fissão nuclear: a liberação de uma enorme quantidade de energia quando um núcleo instável emite radiação, de forma sucessiva, a fim de diminuir sua energia e tornar-se estável. Meitner foi a primeira a relacionar esse fenômeno à conversão da massa em energia proposta por Einstein. Essa descoberta acionou o gatilho que levaria o próprio Einstein a escrever uma carta enviada ao então presidente dos Estados Unidos, Franklin Roosevelt, em agosto de 1939, na qual ele afirmava que os EUA deveriam priorizar o desenvolvimento de uma bomba baseada em energia nuclear, antes que os alemães a fizessem. Em 1942, surgia o "Projeto Manhattan", que tinha como objetivo desenvolver e construir armas nucleares.

No dia 16 de julho de 1945, no estado do Novo México, nos EUA, a primeira bomba atômica da história foi detonada. A tecnologia nuclear, contudo, não se resume a armamentos. As técnicas nucleares são utilizadas em diversas áreas da atividade humana, como na medicina, na agricultura, no meio ambiente e na indústria, principalmente para a geração de energia elétrica.

Contudo o desenvolvimento da tecnologia para fins militares tornou-se peça fundamental durante a guerra. O computador é um produto do conflito, desenvolvido para entender as mensagens cifradas trocadas pela inteligência militar alemã. O matemático britânico Alan Turing desempenhou um papel crucial na construção do equipamento, capaz de quebrar essas mensagens codificadas interceptadas, sendo considerado o pai da computação. Atualmente, não é mais possível conceber nossas vidas sem o computador, que se tornou um item indispensável, facilitando várias operações e atividades. Da engenharia à medicina, de estudantes a professores, empresários, investidores e organizações governamentais, todos são dependentes do computador. A ciência, portanto, se beneficia constantemente dessa invenção e de seus subprodutos.

No espaço, a inteligência artificial, tecnologia que permite que máquinas imitem a inteligência humana, já é utilizada como apoio para operações envolvendo satélites, que incluem posicionamento e comunicação, por exemplo. Os dados de alguns robôs na superfície de Marte estão sendo transmitidos usando inteligência artificial, que também permite a navegação, por conta própria, pelo solo marciano.

O início da exploração do espaço pelos seres humanos foi motivado pelas disputas entre ex-União Soviética e Estados Unidos no pós--guerra. Com o fim da Segunda Grande Guerra, posições ideológicas distintas dos dois países foram responsáveis por levar o primeiro homem ao espaço e a missão Apollo 11 à Lua durante a Guerra Fria. Em decorrência do desenvolvimento dessas tecnologias, atualmente, missões espaciais estão cada vez mais frequentes, permitindo algumas invenções usadas no nosso cotidiano, como as câmeras de celulares pequenas o suficiente para caberem nos veículos espaciais. Contudo, o intuito de demonstrar capacidade tecnológica nesse mundo polarizado alavancou não somente a ciência espacial, mas também a construção de arsenais nucleares e foguetes capazes de atingir alvos em todo o mundo.

As adversidades são cruéis ou, pelo menos, desagradáveis, mas é possível olhar a partir delas, tornando-as catalisadores de ideias e ferramentas. Uma oportunidade de aprendizado que permite o progresso.

Transformando as adversidades

Checklist

- [ ] Persista, mas saiba reconhecer o momento de mudar a direção caso necessário.

- [ ] Convide pessoas de diferentes áreas para discutir o problema. Distintas perspectivas podem trazer soluções inovadoras.

- [ ] Esteja aberto para soluções não convencionais.

Você não é um gênio incompreendido

Tem que suar a camisa

As invenções são, sobretudo, o resultado de trabalho teimoso.

(S. Dumont)

Todos nós, de alguma forma, tendemos a superestimar nossas habilidades, mas, em tempos de internet e redes sociais, com frequência, é possível vislumbrar pessoas que se consideram melhores que especialistas, portadoras de ideias disruptivas capazes de mudar o mundo. Quem nunca se deparou com esse personagem, sem nenhum conhecimento técnico, que "prova" a planaridade da Terra com um prato, uma bola e água? Ou talvez aquele que mostre ineficácia da vacina pelo relato do tio do WhatsApp? Quanto menos a pessoa sabe, mais ela acredita saber.

Algumas histórias de gênios amplamente reconhecidos por suas inúmeras e contundentes contribuições, como o exemplo que descreverei a seguir, pode levar à falsa percepção de que essa é a regra. Parece óbvio, mas a exceção não é regra. Vejamos agora a exceção.

O físico e químico britânico Michael Faraday nasceu em um vilarejo rural ao sul de Londres, de pai ferreiro e mãe camponesa. Parte de uma família de quatro irmãos, Faraday recebeu apenas uma educação rudimentar, aprendendo a ler e escrever. Em razão da situação financeira precária, começou a trabalhar cedo, entregando jornais para um livreiro e encadernador do qual se tornou aprendiz aos 14 anos. Nesse período, ele aproveitou a oportunidade para ler os livros trazidos para serem encadernados.

Uma grande oportunidade surgiu quando lhe ofereceram um ingresso para assistir a palestras do célebre químico britânico Humphry Davy. Faraday registrou as aulas em suas anotações que, mais tarde, enviaria a Davy, juntamente a uma carta pedindo emprego. Quando a vaga surgiu, Faraday começou como assistente de laboratório em 1812, aprendendo química com um dos maiores praticantes da época. Mais tarde, com todo o aprendizado adquirido, Faraday se tornaria um químico reconhecido e respeitado diante do seu objeto de contemplação: a natureza da eletricidade. Suas contribuições para o estudo da eletricidade e do magnetismo foram reunidas, com outros trabalhos, para formar as equações-base das teorias modernas dos fenômenos eletromagnéticos. Faraday foi, em boa parte de sua vida, autodidata. Ele é reconhecido, até hoje, como um dos maiores cientistas experimentais de todos os tempos.

Mas, como mencionei, Faraday é uma exceção. A regra é que os físicos e químicos passem por uma trajetória de estudo formal. Histórias como as de Faraday podem induzir ao "efeito Dunning-Kruger", o hábito de superestimarmos nossas próprias habilidades, encarnando o papel do gênio incompreendido.

Agora, ilustro a regra: exemplos de suor e lágrimas, apesar da indiscutível genialidade das personagens. Einstein levou cerca de dez anos de trabalho incessante e um vasto conhecimento acumulado para finalizar sua teoria mais aclamada, a relatividade geral. O escultor italiano Michelangelo, por exemplo, levou quatro anos para completar todos os afrescos do teto da Capela Sistina durante a Renascença. Para que boas ideias possam emergir, suor deve ser derramado. Na maioria das vezes, o esforço é longo e intenso, até mesmo para as pessoas excepcionais.

A maioria dos contemporâneos de Einstein, incluindo o próprio pai da mecânica quântica, o físico alemão, Max Planck vivenciou o percurso padrão de aprendizado para a época. Em 1874, ele ingressou na Universidade de Munique. Em

1877, mudou-se para Berlim onde terminou o doutorado em 1879. Em 1880, foi nomeado professor-assistente na Universidade de Munique e nove anos depois assumiu a cadeira de física na Universidade de Berlim. Apenas em 1900, a ideia de que a radiação é absorvida ou emitida por um corpo aquecido não sob forma de onda, mas sob forma de pacotes de energia emergiu. Essa é a regra.

Boas ideias surgem com muito trabalho, em um ambiente que favoreça a inovação, a partir, entre outros fatores, da conexão entre pessoas diversas. De outra maneira, tudo pode ser apenas uma superioridade ilusória. O artista amador, talentoso e incompreendido. O estudante inovador pronto para largar a faculdade, inspirando-se na célebre exceção: Steve Jobs, fundador da Apple, que, apesar de não ter formação específica na área de tecnologia, contava com o engenheiro eletrônico e programador Stephen Wozniak como cofundador da marca e criador do primeiro computador com interface de vídeo nos Estados Unidos.

Saber distinguir uma boa ideia de uma tolice, um gênio de um parvo é fundamental. E, para isso, não tem segredo, tem que suar a camisa e exercitar o senso crítico.

Trabalhando arduamente

Checklist

☐ Estude e trabalhe profundamente no tema no qual você deseja contribuir.

☐ Tenha paciência; o processo de aprendizado é contínuo.

☐ Pratique a humildade intelectual. Estar apegado a sua própria genialidade pode impedir que você veja valor nas contribuições dos outros.

Mas e a tal inspiração?

1% inspiração e 99% transpiração

> *Sorte é o que acontece quando a preparação encontra a oportunidade.*
>
> **(Sêneca)[12]**

Ouve-se sempre que o gênio é 1% inspiração e 99% transpiração. Para além de uma boa ideia, uma ideia genial requer o ingrediente final, o algo a mais, a cereja do bolo: esse 1% de estímulo mental relacionado à criatividade. Muito já se foi dito sobre inspiração em diversas obras, sejam elas literárias, cinematográficas ou sempre que uma boa ideia é concebida. Nesse capítulo final, para te inspirar, mostro alguns exemplos de como esse momento de inspiração chegou para algumas pessoas.

O astrônomo alemão Johannes Kepler creditou um de seus primeiros modelos para o movimento dos orbes celestes à essa centelha criativa responsável por iluminar seu pensamento. Esti-

---

12 Essa citação é atribuída a Sênica por fontes variadas, mas existem controvérsias.

mulado por perguntas relacionadas a questões da natureza, Kepler, ainda no século XVI, utilizou os cinco sólidos regulares de Platão[13] para descrever a órbita dos planetas. Em suas próprias palavras, essa configuração dos astros foi

> alcançada por sorte devido à inspiração divina, o que eu não consegui alcançar anteriormente por esforço. Eu acredito nisso, pois eu sempre pedi para Deus permitir que eu obtivesse sucesso, caso Copérnico estivesse certo. (Caspar, 2012)

Mas nem sempre boas ideias, mesmo aquelas geniais concebidas por pessoas extraordinárias, serão bem-sucedidas, como visto no capítulo "Errar faz parte do processo". Nesse caso específico, até mesmo a inspiração divina não coincidiu com a realidade física e precisou ser descartada.

O filósofo alemão do século XIX, Friedrich Nietzsche, pensava melhor ao ar livre e definiu sua musa como um local, um vilarejo nos Alpes Suíços no qual ele escreveria alguns de seus livros mais importantes, incluindo *Assim falou Zaratustra*. Seu processo de inspiração era entendido como uma revelação

---

13   Tetraedro, octaedro, cubo, icosaedro e dodecaedro.

> no sentido de alguma coisa subitamente se tornar visível e audível com uma indizível afirmação e sutileza, uma coisa que o derruba e o deixa profundamente abalado [...]. Você escuta, não procura por nada, você pega, não pergunta quem está lá; um pensamento se ilumina num clarão, com necessidades, sem hesitação quanto à sua forma — eu nunca tive escolha. [...]. Tudo isto é involuntário no mais alto grau, mas acontece como em uma tempestade de sentimentos de liberdade, de atividade irrestrita, de poder, de divindade. (Prideaux, 2019)

A inspiração descrita por Nietzsche poderia partir de atividades rotineiras, nesse caso de contemplação da natureza, que, de maneira inesperada, recebem um outro olhar; um processo, baseado em estímulos criativos, um arcabouço intelectual e talvez uma pitada de acaso.

No caso do progresso científico, pesquisas rigorosas e análises minuciosas são fatores essenciais, mas, além delas, o acaso também pode contribuir para descobertas ou invenções acidentais. A faculdade ou o ato de descobrir coisas agradáveis por acaso tem um nome: serendipidade. Embora a serendipidade tenha seu papel, segundo o cientista francês do século XIX, Louis Pasteur, "no campo da observação, o acaso favorece apenas aos espíritos bem preparados". O próprio Pasteur, na tentativa de salvar as produções de vinho que azedavam com o tempo, descobriu que esse processo era provocado pela ação de microrganismos e que estes poderiam ser combatidos com o aquecimento. A técnica de pasteurização é empregada até hoje em vários contextos, com poucas modificações com relação ao método original, incluindo na conservação e assepsia de alimentos.

Em novembro de 1895, uma observação fortuita mudou os rumos da física e da medicina. O físico alemão Wilhem Roentgen estudava em seu laboratório o feixe de luz produzido por uma descarga elétrica em uma ampola fechada contendo gás rarefeito quando decidiu embalá-la com uma caixa de papelão preto. Ao ligar o instrumento e apagar as luzes de seu laboratório, ele observou algo surpreendente: uma tela, coberta de material fosforescente em uma das faces, casualmente colocada no fundo da sala se iluminava a cada descarga do tubo. Roentgen chegou à conclusão de que a tela era atingida por uma radiação invisível, capaz de transpor o obstáculo representado pela caixa de papelão. Em razão da incerteza quanto à sua natureza, ele nomeou essa radiação invisível de raios x que tinha um poder de penetração também desconhecido.

Ao segurar um disco de chumbo com a mão na intenção de verificar esse poder de penetração dos raios no metal, ele viu, além da sombra do disco, a sombra dos ossos da sua própria mão. Estava assim descoberta a radiografia. Roentgen recebeu o primeiro prêmio Nobel de física da história, em 1901. Mas o acaso favorece apenas os espíritos bem preparados. O primeiro Laureado com o Nobel de física estudava por décadas a física aplicada com rigorosos critérios de avaliação dos resultados.

O acaso também chegou sob forma de ruído em um sistema de antenas ultrassensíveis localizado em uma empresa de pesquisa industrial e desenvolvimento científico em Nova Jersey, nos Estados Unidos. Os físicos estadunidenses Arno Penzias e Robert Wilson testavam o aparelho quando um ruído insistente, acima do esperado, parecia vir de todas as direções do céu. Sem uma explicação convincente para o fenômeno, eles publicaram a descoberta em um artigo de pouco mais de uma página em 1965.

Outro artigo escrito por autores que sabiam do resultado de Penzias e Wilson, publicado na mesma revista, revelava que esse ruído estava relacionado com o universo primordial, uma radiação muito antiga (da ordem de 13 bilhões de anos) que permeava todo o cosmos. A descoberta da chamada radiação cósmica de fundo, que rendeu o prêmio Nobel de física de 1978 a Penzias e Wilson, coincidiu com a previsão feita pela teoria do *Big Bang* para evolução do universo.

Inesperada também foi a descoberta da aluna de doutorado da universidade de Cambridge no Reino Unido, Jocelyn Bell Burnell. No maior estilo de "quem procura acha", enquanto buscava por objetos extremamente luminosos que existem nos núcleos de algumas galáxias (quasares), Jocelyn Bell percebeu pulsos de radiação periódicos, na faixa de rádio, de pouco mais de um segundo.

Esse sinal inusitado era produzido por uma fonte de rádio muito rápida e regular para ser um quasar. Na época, cogitou-se (seriamente ou não) que esses sinais poderiam estar sendo enviados por civilizações extraterrestres. Essa hipótese não se confirmou e os "pequenos homens verdes" passaram a ser chamados de Pulsares, estrelas de nêutrons com campos magnéticos muito intensos, que giram com frequências altíssimas e emitem radiação.

Esse pulsar descoberto em 1967 comprovou a existência das estrelas de nêutrons, dando o prêmio Nobel de física de 1974 a Martin Ryle e Antony Hewish por suas pesquisas pioneiras em rádio astrofísica: Ryle por suas observações e invenções e Hewish por seu papel decisivo na descoberta dos pulsares. O artigo publicado sobre a descoberta desses objetos foi assinado por Hewish, orientador de Jocelyn Bell na época, a própria Jocelyn Bell e mais três colaboradores. Jocelyn Bell é, até hoje, considerada uma das grandes injustiçadas do Nobel.

Acidentais, ou não, descobertas e invenções são fruto de curiosidade, estudo, teimosia e, algumas vezes, um pouco de sorte. E a inspiração como parte do processo criativo? Deixo para vocês um conselho do escritor estadunidense Stephen King:

> Existe musa (tradicionalmente, as musas são mulheres, mas a minha é um cara. Tenho que conviver com isso, infelizmente), mas ele não vai cair do céu e espalhar pó de pirlimpimpim criativo por sua máquina de escrever ou seu computador. Ele mora no chão. É um cara que fica no porão. Você tem que descer até lá, e precisará mobiliar o apartamento para ele morar. É preciso fazer todo o trabalho braçal, e tudo isso enquanto a musa fuma charuto, admira os troféus que conquistou no boliche e finge ignorar você. Você acha isso justo? Eu acho. Mesmo que o tal sujeito-musa não pareça nada demais e não seja de conversar muito (o que costumo receber do meu são grunhidos

mal-humorados, a menos que ele esteja trabalhando), é dele que vem a inspiração. É justo que você faça todo o trabalho e queime a cachola até altas horas da noite, porque o cara com charuto e as asinhas tem o saco de magias. Tem coisas ali que podem mudar sua vida. (King, 2015)

A inspiração está imersa no processo do estudo e da teimosia, a partir da persistente busca por conhecimento e novas experiências, além de relações interpessoais diversas que proporcionam novos olhares para um mesmo objeto. E por que não, assim como para Nietzsche e muitos cientistas, a inspiração pode estar na contemplação da natureza, em todo seu resplendor e mistério.

Uma pitada de inspiração

Nesse capítulo, o *checklist* é por sua conta. Quais atividades podem te trazer um momento de inspiração?

_____
_____
_____
_____
_____

Conclusão

O progresso científico, tecnológico e em todas as outras áreas do saber dependem de centelhas criativas que precisam ser semeadas e cultivadas para poderem gerar frutos. Apoiadas sobre o conhecimento construído por gerações, plantadas sobre solo fértil e no momento adequado, boas ideias serão colhidas. Mas assim como frutos, a curto prazo, sua forma será modificada, de verde para madura e, até mesmo, completamente redesenhada a longo prazo, de acordo com o meio no qual ela está inserida.

Por ordem do acaso, ou por persistência, as mesmas ideias podem brotar em vários lugares contemporaneamente, enganando a morte das inovações. Mas, se a morte não chega para todos, para muitos, ela é inevitável. Assim como a morte se apresenta sempre acompanhada, o nascimento também é, raramente, solitário. A fantasiosa concepção de que grandes ideias surgem a partir da epifania de um indivíduo genial pode até soar atrativa. Afinal de contas, o Sol não nasce para todos, tampouco os momentos "eureca", eximindo a maioria de um possível fracasso criativo.

Além de uma inteligência extraordinária, é preciso muita sorte. Se o rei de Siracusa não estivesse desconfiado da composição de sua coroa real, Arquimedes nunca teria compreendido os conceitos de volume e densidade relativa durante um banho de banheira. Ou caso a maçã não tivesse caído na cabeça de Newton, nem mesmo o gênio teria elaborado as leis da gravidade. O gênio sortudo não deixa de ser uma bela história visual sobre inspiração.

No fim do dia, a exceção não é regra e, por regra, a maioria das pessoas, de fato, não se enquadra nas características de gênio sortudo, apesar da visão, muitas vezes superestimada, das próprias habilidades. Histórias simplificadas do gênio solitário não deixam de ser uma espécie de narrativa sedutora para aliviar o peso do vazio criativo. Contudo, pessoas conectadas podem, juntas, ser mais criativas e inovadoras. Momentos adversos e a necessidade também podem ser um catalisador de ideias, assim como um novo olhar para velhas coisas, sejam elas ideias, lugares, pessoas, situações ou a própria natureza. Histórias sobre descobertas encobrem os passos dados anteriormente que levaram a um desfecho inovador, mas elas escondem décadas e décadas de estudo, dedicação, trabalho e, por que não, uma pitada de sorte num momento de inspiração.

Vale lembrar que nem só de grandes e disruptivas ideias caminha a humanidade. Os exemplos que carregamos conosco desses momentos inigualáveis não podem servir de régua para nossas próprias ideias, mas, sim, de motivação. Pequenas boas ideias também podem mudar a vida das pessoas que nos rodeiam e a nossa própria vida de maneira gratificante e significativa – incluo aqui a vida profissional. Ou alguém ainda pensa que só de Newtons e Einsteins vive a ciência?

Por fim, tendo a ciência como pano de fundo, vimos várias maneiras pelas quais podemos estimular nossa criatividade para ter boas ideias. Agora, cabe a nós colocar em prática.

Deixo ainda uma última sugestão: anote tudo!

Posfácio

Após a leitura deste livro, uma das mais claras imagens que vem à mente é a da inovação como um percurso a ser trilhado para que se possa construir um mundo melhor.

Temos um longo caminho pela frente na busca por ampliar o conhecimento científico, adotar novas tecnologias e transformar a inovação em um componente de desenvolvimento que faça a diferença na qualidade de vida de milhões de brasileiras e brasileiros. Não conseguiremos resolver os problemas do Brasil e do mundo somente fazendo mais do mesmo ou cultivando apenas o passado, sem inovar.

A Professora Larissa Santos, com seu refinado conhecimento e seus diversos insights, é nossa melhor guia nessa jornada rumo ao novo.

Tendo passado pelo Brasil, pela Itália e, atualmente, pela China, sua trajetória ampla e diversificada é um exemplo vivo e enriquecedor para todos nós. Seu trabalho como cientista mostra como o Brasil é um berço de talentos que impactam o conhecimento produzido em centros importantes, em diferentes partes do mundo.

Como professora, ao longo deste trabalho, soube conduzir nossa curiosidade por meio de explicações claras e interessantes, conectando o que é criado em universidades e centros de pesquisa com a nossa vida cotidiana.

Isso não é por acaso. Ao viver e trabalhar na China, a Professora Larissa Santos pôde observar, em primeira mão, como uma sociedade logrou, em poucas décadas, desenvolver sua economia e elevar rapidamente o padrão de vida de sua população pela prioridade dada à educação, aos investimentos volumosos em ciência e tecnologia e ao foco na inovação.

Este livro é um verdadeiro manual de criatividade, conforme foi observado no prefácio. São muitas, portanto, as lições que ficam ao fim da leitura destas páginas e que nos permitem abrir nosso espírito ao mundo.

Inovar é o resultado de uma combinação única entre curiosidade, ambiente, timing, colaborações, capacidade de superar desafios e muito, muito estudo e dedicação, e diversos outros fatores. A tolerância ao erro, que é natural em qualquer processo, e a aceitação de falhas fazem parte do caminho e são elementos úteis para o aprendizado.

Inovar também é resolver problemas, revelar novas formas de entender a vida e lidar com seus desafios. É, de certa forma, um modo de viver e relacionar-se com o mundo.

Inovar, por fim, também pode ser visto como um ato de coragem, na medida em que o novo confronta o antigo e, como vemos tantas vezes, altera interesses estabelecidos e rompe com antigas estruturas de poder. Não é à toa que, hoje, se fale tanto em "inovações disruptivas" e que o debate sobre inovação esteja no centro da geopolítica.

No momento em que se publica esta obra, o mundo passa por vários solavancos provindos dos campos da ciência, tecnologia e inovação. Estamos diante de várias novidades, que são percebidas como fator de esperança por alguns e de receio por outros.

A chegada da inteligência artificial como ferramenta do dia a dia, por meio dos grandes modelos de dados, ao que tudo indica, mostra o início de um caminho sem retorno, que rapidamente transformará nosso modo de trabalhar, de nos relacionar e de executar um grande número de tarefas.

No setor aeroespacial, desenvolve-se cada vez mais uma nova fronteira de oportunidades econômicas com tecnologias inovadoras de lançamento e pouso de foguetes, veículos hipersônicos, drones para os mais diversos fins e uma extensa gama de serviços que podem encurtar, ainda mais, a distância entre lugares distantes no mundo (e fora dele).

Na saúde, avanços no desenvolvimento de novos medicamentos e vacinas já permitem vislumbrar um futuro no qual várias enfermidades, que há milênios ceifam vidas, podem, finalmente, começar a ser controladas.

Todos nós – indivíduos, empresas, universidades e países – podemos e devemos trilhar o caminho da inovação.

Para um país como o Brasil, que precisa resgatar grandes parcelas da população de problemas incompatíveis com nossos objetivos de justiça social e de desenvolvimento, inovar é ainda mais urgente.

De onde surgem as grandes ideias? Através do olhar da ciência é uma obra que surge na hora certa para inspirar e mostrar rumos para um novo Brasil.

José Roberto de Andrade Filho
Diplomata de carreira — as opiniões expressas neste texto são de responsabilidade exclusiva do autor e não refletem, necessariamente, a posição oficial do Governo brasileiro.

Bibliografia

BAUMAN, Z. *Modernidade líquida*. São Paulo: Zahar, 2001.

BACON, F. Versão eletrônica do livro *Novum Organum* ou *Verdadeiras indicações acerca da interpretação da natureza*. Trad. e notas de José Aluysio Reis de Andrade. Créditos da digitalização: Membros do grupo de discussão Acrópolis (Filosofia). Disponível em: https://www.livrosgratis.com.br/ler-livro-online-44497/novo-organum-ou-verdadeiras-indicacoes-acerca-da-interpretacao-da-natureza. Acessado em: 23 out. 2023.

CASPAR, M. *Kepler*. Nova York: Dover Publications, 2012.

MASI, D. de. *Ócio criativo*. São Paulo: Sextante, 2004.

CARMO, V. do. *Episódios da história da biologia e o ensino da ciência*: as contribuições de Alfred Russel Wilson. São Paulo: tese de doutorado da Faculdade de Educação da Universidade de São Paulo, 2011. Disponível em: https://doi.org/10.11606/T.48.2011.tde-30082011-135656. Acessado em: 19. dez. 2023.

GOLEMAN, D. *Inteligência social:* a ciência revolucionária das relações humanas. São Paulo: Objetiva, 2019.

HOBUSS, J. *Introdução à história da filosofia antiga*. Pelotas: Universidade Federal de Pelotas, 2014.

INPI. Rankings dos Depositantes Residentes em 2019. Disponível em: https://www.gov.br/inpi/pt-br/acesso-a-informacao/estatisticas-preliminares/arquivos/documentos/ranking-maiores-depositantes-residentes-2019.pdf. Acessado em: 8 jan. 2024.

JOHNSON, S. *De onde vêm as boas ideias?* 2. ed. São Paulo: Zahar, 2021.

KING, S. *Sobre a escrita*: a arte em memórias. São Paulo: Suma, 2015.

KLEIJN, M, JAYABALASINGHAM, B, et al. The Researcher Journey Through a Gender Lens: An Examination of Research Participation, Career Progression and Perceptions Across the

Globe: Elsevier, 2020. Disponível em: https://www.elsevier.com/connect/elseviers-reports-on-gender-in-research. Acessado em: 8 jan. 2024.

MARICONDA, P. Galileu e a ciência moderna. *Caderno de ciências humanas - especiaria*. v. 9, n. 16, pp. 267-92, 2006.

MENEZES, D. et al. *Bolsistas de produtividade em pesquisa em Física e Astronomia*: análise quantitativa da produtividade científica de homens e mulheres. Disponível em: http://www1.fisica.org.br/gt-genero/images/arquivos/Apresentacoes_e_Textos/dados_CNPq_2016_vf.pdf. Acessado em: 24 set. 2023.

OGBURN, W.; THOMAS, D. Are inventions Inevitable? A Note on Social Evolution. *Political Science Quarterly*, v. 37, n. 1, pp 83-98, 1922.

PINHEIRO, V.; JORGE, M. F. et al. Indicadores de Propriedade Industrial 2019: o uso do sistema de propriedade industrial no Brasil. Disponível em: https://www.gov.br/inpi/pt-br/acesso-a-informacao/boletim-mensal/arquivos/documentos/indicadores-de-pi_2019.pdf. Acessado em: 24 set. 2023.

PONTES, A. *A Influência do mito babilônico da criação, Enuma Elish, em Gênesis*. Recife: Universidade Católica de Pernambuco, 2010.

PRIDEAUX, S. *Eu sou dinamite!* São Paulo: Crítica, 2019.

ROSSI, P. *A ciência e a filosofia dos modernos:* aspectos da revolução científica. São Paulo: Unesp, 1992.

SKOLIMOSKI, K.; ZANETIC, J. *Mitos de criação*: modelos cosmogônicos de diferentes povos e suas semelhanças. II simpósio nacional de educação em astronomia. São Paulo, 2012. Disponível em: https://www.sab-astro.org.br/wp-content/uploads/2017/03/SNEA2012_TCO20.pdf. Acessado em: 23 out. 2023.

Stanford Encyclopedia of Philosophy. Disponível em: https://plato.stanford.edu/. Acessado em: 24 set. 2023.

WILLIAMS, P. L. Michael Faraday. Disponível em: https://www.britannica.com/biography/Michael-Faraday. Acessado em: 24 set. 2023.

FONTE Utopia Std
PAPEL Polen Natural 80 g/m²
IMPRESSÃO Paym